第2季

巧厨娘

HAIZI DE
YINGYANG
ZAOCAN

孩子的营养早餐

孙春娜（CANDEY） 编著

青岛出版社
QINGDAO PUBLISHING HOUSE

Preface

一切为了孩子

□ 孙春娜（CANDEY）

　　拿到这本书，也许您学到的是一种搭配，也许您看重的是某一个单品的制作，又或许您受到启发，悟出了新的早餐品种……不管怎样，只要这本书能够帮到您家里的早餐每天改善那么一点点儿，我就会非常非常开心！

　　《巧厨娘-孩子的营养早餐》能为您提供如下帮助：

　　1.从小没养成吃早餐习惯的孩子，或早上贪睡不肯起床的孩子，肠胃"苏醒"会比较慢，早餐也不可能吃很多。不过没关系，任何习惯都不是一朝一夕养成的，吃早餐也一样，只要妈妈能坚持，孩子就能循序渐进、由少到多地适应，孩子的肠胃也会在晨起后尽快进入"乐食"的状态。

　　2.大多数孩子的口味很挑剔、独特，喜好不同，饭量也不同，尤其是早餐。没人比妈妈更了解孩子，所以，不必逼孩子多吃，要依孩子的口味来，以他喜欢的菜式为主，让他先习惯了吃早餐，然后再慢慢添加一些他不怎么喜欢但却该吃的东西。

　　3.吃饭没有定式，早餐亦是如此。根据自家口味，掌握几个烹制早餐的要点：只选应季食材、少油腻味清淡、多样化求优质。

　　营养早餐通常包含以下四个要素：

　　A.谷类食物——馒头、米饭、面包或杂粮窝头。

　　B.动物类食物——鸡蛋或肉类。

　　C.豆浆等大豆制品或牛奶。

　　D.新鲜蔬菜或水果。

用手机亿拍软件拍拍我，我有话对你说哦！

手机或平板电脑免费下载亿拍，拍图片，看精彩视频，畅享阅读新风暴！

早餐里只要能包含以上四个要素，就算是营养搭配比较合理的。否则，妈妈们就要调整一下搭配结构了，多吃不是目的，"每样都吃点儿"才是上策！在这个基础上再根据孩子的口味进行一些调整。

4.书中早餐的原料配方，只要没有特殊说明，都是3人份，成品图则多为1人份。当然，每个孩子饭量不同，口味不同，书中所列，仅供您参考。

5.早餐套餐中，有很多是需要提前准备的主食，比如小花卷、红豆餐包等等，一早起来现做肯定是来不及的。您可以提前蒸好，放入冰箱冷藏，早上只要放入蒸锅里蒸透，就仍然是热气腾腾的新鲜主食了。

参与本书编写的还有：王洋、陈美华、孙显武、王万霖、王海、王蕾、孟令坤、牟磊、韩菲、王佳慧，在此一并表示感谢！

早晨的时间总是最宝贵和紧张的，如何在早晨的有限宝贵时间里做出高质量的早晨，有一些好用的烹饪工具帮了我们大忙。

1.电压力锅

预约定时功能，让早上喝粥变得很简单！晚上备好料，起床就可以喝到热气腾腾的粥了。有预约定时功能的电饭煲，可以做到同样的事儿。

2.豆浆机

全自动豆浆机，只需20分钟就可以打一壶热乎乎的花式豆浆。现在新款豆浆机还可以一机多用，做出玉米浆、绿豆汁甚至浓汤。

3.电饼铛

烙个菜盒子，摊个厚蛋饼，非常快速便捷。

4.搅拌机

早餐做个奶昔，粉碎个米浆，打个浓汤，堪称利器！购买时建议选择大品牌，电机安全性有保障。

5.空气炸锅

如果家人喜欢吃油炸食品，又担心不健康，可以试试空气炸锅。无油炸的做法，油炸的口感，提供了更健康的饮食方式。

Contents 目录 ⑩

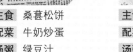

点餐卡

P119

主食	八角灯笼包
配菜	培根胡萝卜炒蛋
汤粥	莲藕糯米粥
水果	猕猴桃

P120

主食	芝麻蛋炒馒头
汤粥	胡萝卜碎肉粥
水果	葡萄+冬枣

P122

主食	粟面小松饼
汤粥	茼蒿火腿菜粥
其他	石榴汁

P124

主食	馒头
配菜	蛋煎藕片+清炒西蓝花
汤粥	绿豆百合汤
水果	桃子

P126

主食	银鱼蛋饼
配菜	蜂蜜拌西红柿
汤粥	杏仁豆浆
水果	扁桃

P128

主食	发糕
配菜	苦瓜虾仁木耳炒蛋
汤粥	黑芝麻枸杞米浆
水果	葡萄

P130

主食	红薯饼
配菜	胡萝卜拌藕丝+ 虾皮炒蛋
汤粥	红枣黑豆浆

P132

主食	糖酥饼
配菜	卷心菜炒鸡蛋+ 凉拌西蓝花
汤粥	花生银耳露

P134

主食	黑芝麻馒头
配菜	虾皮萝卜丝+炸豆腐
汤粥	紫薯山药豆浆

P136

主食	蛋饼油条包
汤粥	瘦肉粥

P138

主食	豆角木耳蛋饼
配菜	蜜汁四件
汤粥	牛奶
水果	油桃

P140

汤粥	番茄疙瘩汤
其他	蒸双薯+橙子

Contents
目录

P169

主食	油条
配菜	五香酱牛肉
汤粥	海苔蛋碎粥
水果	橘子+蓝莓

P170

主食	豆沙包
配菜	西蓝花里脊木耳炒蛋
汤粥	大米粥
水果	红提

P172

主食	香甜小窝头
配菜	茼蒿炒蛋
汤粥	二米绿豆粥

P174

主食	100分菠菜素盒子
汤粥	糙米粥
其他	苹果汁

P176

主食	萝卜素蒸包
汤粥	紫薯杂粮粥
水果	火龙果

P178

| 主食 | 蛋煎馄饨 |
| 汤粥 | 小米粥 |

P180

| 主食 | 花生芝麻脆锅饼 |
| 汤粥 | 菠菜香菇鸡肉粥 |

P182

| 主食 | 豆沙核桃吐司 |
| 汤粥 | 肉末菜粥 |

P184

| 主食 | 火腿糍粑煎糕 |
| 汤粥 | 青菜蛋花汤 |

P186

主食	黑芝麻馒头
配菜	肉蒸蛋
汤粥	花生米乳

P188

| 主食 | 肉末青菜抻面 |
| 汤粥 | 红枣银耳羹 |

P190

主食	小白菜烫面包
汤粥	栗子百合浆
水果	砂糖橘

Contents
目录

Contents 目录

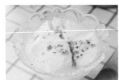

PART 1

长身体最重要的季节

春季营养早餐（24套）

ZHANGSHENTI ZUIZHONGYAO DE JIJIE

CHUNJI YINGYANG ZAOCAN

春季早餐 营养对策
Chunji Zaocan Yingyang Duice

> 春天，孩子们又迎来了新一轮的生长发育高峰期，妈妈们更要注意春季饮食的合理安排，让孩子安然度过这个最佳成长季节。要记住，想使孩子身体壮，脑子灵，少生病，食补永远是最安全、最有效的对策。

Candey的话

一 丰富的钙质和维生素D

春天里，孩子需要丰富的钙质，要适当多吃些牛奶、豆制品、骨髓、虾皮、芝麻和海产品等。另外，春光无限好，要让孩子多参加户外活动，接受阳光照射，增加体内维生素D的合成，从而促进钙质吸收，同时也别忘了给他们多吃些富含维生素D的食物，比如蛋、奶、动物肝脏、海鱼、瘦肉等。

二 优质蛋白质

孩子发育速度快的阶段，组织器官对优质蛋白质的需求也相应增长。因此，应适当增加鸡蛋、鱼、虾、肉、奶制品及豆制品等的补充。另外，大米、小米、小红豆等都属于含植物蛋白质较多的五谷类。

三 维生素和矿物质

春季给孩子多补充维生素A和胡萝卜素，可以预防感冒，避免呼吸道感染类疾病。富含维生素A的食物有动物肝脏、奶类等；富含胡萝卜的食物有胡萝卜、红薯、红枣、红苋菜、菠菜、南瓜、红黄色水果等。

小白菜、油菜、柿子椒、西红柿等新鲜蔬菜和柑橘、柠檬等水果，富含维生素C，具有抗病毒作用；芝麻、卷心菜、菜花等富含维生素E，可以增强机体的抗病能力。主食上应适当搭配粗粮和杂粮。

Tips： 不要让孩子过多地吃甜食，因糖类易使体内的钙和维生素D消耗，导致身体缺钙，同时还会影响视力发育，尤其学龄儿童，更易造成近视的后果。

Tips： 牛肉、羊肉性温热，要控制孩子摄入的量，可以换成易消化吸收的鱼虾类或蛋类，烹饪方式尽量少油炸。米不要淘洗次数过多，也不宜放在热水中浸泡。

Tips： 大多数新鲜蔬菜都很易熟，烹调时间不宜过长，以减少水溶性维生素的损失。

（四）脂肪

好的早餐中应有一定量的植物脂肪，可摄取坚果类来加以补充。脂肪可为孩子提供所需的热量，又能增加食物的色、香、味，促进食欲。

我曾听说吃肥肉可以补脑，那时候觉得不可思议，后来特意查过，还真有这么一说：由于脑组织中有两种重要的不饱和脂肪酸是人体不能自行合成的，所以应注意从食物中摄取。所以，妈妈们不要一味地否定肥肉，殊不知肥肉中的脂肪，也可以帮助孩子长身体、长智力呢！

Tips：新鲜菠菜烹饪前，最好先在开水里焯烫一下，去除能破坏钙吸收的草酸。另外，腹泻时不宜吃菠菜。

春暖乍寒，气温变化无常，简直是在考验孩子们的抵抗力。所以，妈妈们还要注意从抗病的角度给孩子进行调理，比如，经常吃一些可以清热止咳、利肠通便的鲜嫩芹菜；可预防麻疹、流脑等传染病及呼吸道感染的荠菜；清热解毒，可防治口角炎、口腔溃疡及牙龈出血等的油菜；可防治贫血、唇舌炎、口腔溃疡、便秘，还可保护皮肤和眼睛的菠菜等等。

最后，需要提醒各位爸爸妈妈的是，春天里气候干燥，身体阳气上升，很容易出现上火、干燥、食欲不振等"春燥"现象，所以一定要少吃或不吃燥热食物，比如巧克力、果脯、辛辣食物、腌制食物等，以免造成身体缺水燥热，导致各种疾病有机可乘。可以补充一些助阳气的食物，比如韭菜、蒜苗等蔬菜，多吃些胡萝卜、土豆、菜花等，有利于滋润孩子娇嫩的皮肤。还有，每天早上起床后早餐前，让孩子先喝一杯蜂蜜水，可以润肠通便、润肺止咳、益气补中，还可以解毒。长期坚持，能让孩子养成良好的生活习惯。

鸡丝青菜粥套餐

主食 黑芝麻葱油小花卷+戚风蛋糕
汤粥 鸡丝青菜粥
其他 白煮蛋+苹果

黑芝麻葱油小花卷 3个（做法见本书p.221）

戚风蛋糕（8吋）

原料：鸡蛋4个，白糖75克，低筋面粉90克，冰糖雪梨汁50克，柠檬汁10克，玉米油30克，花生油20克

鸡丝青菜粥

原料：大米100克，鸡胸肉1块，小油菜100克
调料：葱3小段，姜2片，八角2个，姜丝适量，盐1茶匙，香油1茶匙，胡椒粉随意

头天晚上准备

做蛋糕：鸡蛋的蛋白和蛋黄分离，分别放入无油无水的盆中。蛋黄中加入所有油，还有雪梨汁和柠檬汁。低粉过筛两次。蛋白加白糖打发成光泽细腻的蛋白霜，抬起打蛋头可拉起2厘米左右的坚挺小尖角。

继续用电动打蛋器将蛋黄混合物低速打匀。

筛入低粉。

继续低速打匀。

取1/3蛋白霜加入蛋黄糊中，翻拌均匀。

再全部倒入剩下的蛋白霜中。

翻拌均匀。

20

倒入蛋糕模中。 **8**

将蛋糕模在案板上磕几下震出大气泡。 **9**

烤箱150℃预热好，烤盘放入中下层，烤45分钟即成戚风蛋糕，出炉倒扣一夜。 **10**

汤锅加水烧开，放入鸡胸肉、八角、葱、姜，煮5~6分钟，至用筷子可以轻易扎透时关火。取出鸡肉，将鸡汤撇净。 **11**

12.将大米洗净，浸泡一夜。小油菜洗净，沥水。苹果洗净。

次日早上完成

前一晚煮好的鸡汤烧开，将泡好的大米倒入，大火烧开后转小火煮。 **1**

将熟鸡胸肉撕成细丝。小油菜切碎。热上小花卷，煮上鸡蛋。 **2**

粥煮15分钟左右开始变稠，放入姜丝、鸡丝、盐，再煮5分钟，放入油菜碎、香油、胡椒粉，关火。 **3**

戚风蛋糕脱模后切成小块或条。苹果切块，装盘。花卷、鸡蛋装盘。完成！ **4**

贴心小提示

1. 冰糖雪梨汁在家里也可以自制，用冰糖和雪梨块煮成甜汤，取汁水即可。

2. 如果不喜欢花生油的味道，可以换用玉米油。

营养早参考

初春的天气仍有些寒凉，因此为孩子准备一份营养且高热量的早餐也是必须的了。热腾腾的鸡丝青菜粥，能温胃、促进消化。点缀着黑芝麻的小花卷不仅能勾起孩子们的食欲，其黑芝麻中的维生素E、不饱和脂肪酸还有很好的补脑、抗疲劳的作用。戚风蛋糕质地松软，香甜可口，能提供充足的碳水化合物，供上午学习活动所需。白煮蛋可谓是早餐中的"平民明星"，富含的卵磷脂、铁、蛋白质等，对孩子的大脑及身体发育益处良多。苹果含丰富的果胶，能促进肠道蠕动；含丰富的维生素C，更能提高免疫力，辅助预防春季感冒。

▶ ▶ ▶ ▶

黑米合饼卷套餐

主食 黑米合饼卷
汤粥 枸杞花生小米粥+牛奶
水果 火龙果

四黑合饼卷

原料：面粉100克，四黑糊90克，鸡蛋3个，酱牛肉100克，苦菊（或生菜）30克
调料：盐少许，甜面酱适量

枸杞花生小米粥

原料：小米100克，枸杞20粒，花生20克
调料：冰糖适量

营养早参考

枸杞花生小米粥，其中的枸杞含丰富的维生素、铁等，能补肝、明目，适量服用有益视力，小米富含氨基酸，容易消化。四黑合饼卷，能滋肾健脑、强筋壮骨。苦菊中富含维生素C、胡萝卜素、膳食纤维，能促进排便，增强抵抗力。火龙果色彩艳丽，诱人食欲，其富含的花青素能帮助缓解疲劳，提高孩子的学习效率。

▶ ▶ ▶ ▶

头天晚上准备

1. 将小米、枸杞和花生一起淘洗干净，放入电压力锅中，放入几块冰糖，倒入足量水，选择预约定时功能煮粥。

2. 将四黑糊烧至沸腾，马上冲入面粉中，边冲边用筷子快速搅匀，待不烫手后揉成面团，装入保鲜袋中，放进冰箱冷藏。

3. 苦菊洗净，沥水。

次日早上完成

取出面团，揉成长条，分切成每个约20克的小剂子。

将2个小剂子一组，1个表面抹油涂匀，盖在另1个上。

均匀擀开成圆形，要尽量擀薄。

平底锅烧热，放入擀好的面皮，中火烙5秒钟，翻面，烙至鼓起、两面均匀上色。

马上取出，将两张饼撕开，烙好的饼若暂时不吃要盖干净纱布，防止风干。

鸡蛋打散，加少许盐，打匀。锅烧热，抹适量油，倒入适量蛋液，通常1个蛋可摊两张蛋饼。

蛋饼修成和饼皮差不多大小（修下的边角可一起卷在饼里）。酱牛肉切细条。取一张饼皮，刷甜面酱，铺蛋饼，放上牛肉条、苦菊，卷起，一切为二，装盘。盛出煮好的粥。热过的牛奶装杯。火龙果切开，装盘。完成！

贴心小提示

1. 四黑糊是取黑豆1/3杯、黑糯米1/5杯、黑米1/5杯和熟黑芝麻1/3杯，用全自动豆浆机做成的熟浆。

2. 因四黑糊的稠度不可能完全一致，所以使用量只做参考，以面团的状态为准，揉好的面团应柔软但不很粘手的状态。如果面团很黏，不但擀开的时候操作会困难，而且烙好后不容易分开。

胡萝卜木耳小笼包套餐

主食	胡萝卜木耳小笼包
汤粥	玉米面粥+果酱酸奶
其他	白煮蛋

胡萝卜木耳小笼包

原料：低筋面粉200克，猪绞肉110克，胡萝卜65克，泡发木耳40克，洋葱50克
调料：姜末1/2茶匙，料酒1茶匙，生抽2茶匙，老抽1/2茶匙，蚝油1茶匙，生粉1茶匙，香油2茶匙，盐1/2茶匙，油1茶匙

玉米面粥

原料：细玉米面2汤匙，食用碱1/4茶匙

果酱酸奶

原料：自制酸奶（做法见本书p.218）、果酱各适量

白煮蛋

原料：鸡蛋3个

头天晚上准备

1. 低筋面粉中均匀冲入160克沸水，快速搅开，等不烫手后再充分揉匀成面团。
2. 猪绞肉加入姜末、料酒、生抽、老抽、蚝油，并分次淋入适量水，顺一个方向搅开，搅拌至顺滑即可（不必打入太多水，否则不容易包），加入生粉搅匀，最后加入香油拌匀
3. 木耳泡发后洗净，切碎末。胡萝卜去外皮洗净，擦细丝，剁碎。洋葱去外皮洗净，切碎。将三种碎末全部倒入肉馅中。
4. 调入盐和油，顺一个方向搅匀成馅料，送入冰箱冷藏保存。

次日早上完成

1

锅中烧开约1000毫升水。玉米面先用适量凉水调稀，再加入食用碱调匀。

2

锅中水开后将玉米面糊倒入。

3

快速搅匀，小火慢慢煮至玉米粥收浓、香气浓郁，关火。另取锅加水，放入鸡蛋，中火煮熟，过冷水，剥壳。

4

将烫面团搓成长条形，分切成约15克左右的小剂子。

5

案板上撒一薄层面粉防粘，将剂子擀成透明的圆形面皮，面皮中央略厚。

6

取适量馅料放在面皮的中央。

7

轻轻均匀地提褶儿捏成包子。

8

捏合后将头部多余的面揪儿揪掉不要。

9

放入垫好纱布（要用清水打湿并稍微拧干）的笼屉内。

10

开水上屉，大火蒸8分钟，取出装盘。鸡蛋煮熟后过冷水，剥壳。玉米粥装碗。酸奶装杯，加入果酱拌开。完成！

贴心小提示

1. 手快的妈妈可以在早上现包小笼包，但需要早起一会儿。或者也可以提前一次性多包一些，装入保鲜盒放入冰箱冷冻，次日早上现取现蒸，新鲜度毫不逊色，又可以大大节省早上的时间。

2. 煮玉米粥时加少量食用碱，不仅可以使味道更香，而且有助于营养素的吸收。

营养早参考

玉米粥富含胡萝卜素、维生素E、膳食纤维，能缓解疲劳，保护视力。胡萝卜木耳小笼包咸香可口，馅料丰富，荤素配比合理。白煮蛋这种烹饪鸡蛋的方式，能最大程度保留鸡蛋的丰富营养。自制的果酱酸奶酸甜适口，其所含的乳酸菌对肠道健康颇有益处。

▶ ▶ ▶ ▶

韩式南瓜粥套餐

主食 黑芝麻花卷
配菜 菜丝摊蛋
汤粥 韩式南瓜粥

黑芝麻花卷

原料：面粉200克，酵母2克，牛奶110克，熟黑芝麻20克
调料：色拉油2茶匙，盐1/2茶匙

菜丝摊蛋

原料：鸡蛋3个，胡萝卜、生菜、紫甘蓝各75克
调料：盐1/2茶匙

韩式南瓜粥

原料：南瓜300克，糯米粉1汤匙
调料：冰糖3~4颗

头天晚上准备

1 熟黑芝麻放入搅拌机干磨杯，打成细粉。酵母和牛奶混合均匀后倒入面粉和熟黑芝麻粉。

2 揉成光滑柔软的面团，发酵至2倍大。

3 将面团揉匀排气，擀开成长方形，淋上色拉油抹匀。

4 均匀撒上盐，由一端开始卷起，分切成2~3厘米宽的小段。

取一段，用筷子在中间压下，两端略抻。

两手捏两端，同时向相反的方向拧0.5~1圈。

将底部捏紧，醒发20~30分钟。蒸锅内垫好干净的纱布，烧开水后放入花卷生坯，大火蒸10分钟，出锅放凉后收起。

南瓜去皮、瓤，蒸至熟透，放凉后放进保鲜袋按压或敲打成泥，或加水用搅拌机打成更为细腻的糊。胡萝卜、生菜、紫甘蓝分别洗净。

次日早上完成

花卷放蒸锅中蒸透。做摊蛋的各种菜切成很细的丝。鸡蛋打散，加入盐，打匀。

把南瓜泥（或糊）倒入锅里，酌情加水，煮开后小火煮10分钟左右。

糯米粉中加入水，调成稀糊。

稀糊倒入煮锅里，边倒边搅拌均匀，放冰糖，再煮5分钟左右至稠度合适即可。若太稠可稍加水调整。

炒锅加油烧热，放入1/3量的胡萝卜丝炒1分钟。

放入1/3量的紫甘蓝丝翻炒半分钟，再放入1/3量的生菜丝略炒。

倒入1/3量的蛋液。

摊匀后盖上锅盖，煎至表面凝住，再翻面略煎即可出锅。相同方法做好3个摊蛋，装盘。南瓜粥盛碗中，花卷装盘。完成！

营养早参考

在春天，宜多食甘、少食酸，南瓜粥便是一道适宜春季多食的粥品。南瓜粥富含碳水化合物、胡萝卜素、钙等，一碗热粥下肚，顿觉浑身温暖舒畅，在乍暖还寒的初春饮用最适合不过。黑芝麻花卷能提供上午紧张学习所需的碳水化合物，保证孩子精力充沛。菜丝摊蛋能提供卵磷脂、膳食纤维、维生素，能满足孩子脑力及体力消耗的需要。 ▶ ▶ ▶ ▶

苔菜素包套餐

主食 苔菜素包
配菜 菠菜火腿蛋烧
汤粥 红薯玉米粒粥
水果 猕猴桃

苔菜素包

原料：面粉500克，酵母4~5克，牛奶330克，小苔菜1000克，干海米50克，粉丝50克，胡萝卜150克，小葱1根
辅料：盐1/2+1茶匙，香油1汤匙，色拉油2汤匙

菠菜火腿蛋烧

原料：菠菜75克，火腿1片，鸡蛋2个
调料：盐1/2茶匙

红薯玉米粒粥

原料：大米50克，红薯50克，冷冻甜玉米粒50克

营养早参考

　　红薯玉米粒粥，通过细粮、粗粮及薯类的精心合理搭配，使营养吸收更充分，口感也更好。菠菜火腿蛋烧，金黄的鸡蛋饼裹着翠绿的菠菜、粉嫩的火腿，诱人食欲，荤素皆备。主食搞定后，再来一个猕猴桃，其含的丰富维生素C也被收入腹中。　▶▶▶▶

贴心小提示

　　1. 菠菜焯烫后尽量挤干，再入锅把水分炒干，菠菜口感较好。
　　2. 蛋液入锅后要快速用铲子将底部搅动一下，以免底部受热结皮上色过快。要保持小火煎制，翻面时底部柔软且不容易裂开。

头天晚上准备

1. 大米淘洗净，放入电压力锅中，倒入足量水。红薯去皮洗净，擦成丝，放入电压力锅中（图1）。
2. 锅中再倒入玉米粒（图2），选择预约方式煮粥。菠菜择洗干净。
3. 牛奶和酵母混合均匀，倒入面粉，揉成光滑柔软的面团，覆盖，进行发酵。
4. 小苔菜择洗干净，去根部。烧开一锅水，放入小苔菜（图3）焯烫1分钟，捞出冲凉水，攥干水分，切碎。
5. 干海米用搅拌机的干磨杯打碎（图4）。

6. 小葱切碎，加入1/2茶匙盐，滴入香油和色拉油，拌匀，腌20分钟以上。
7. 粉丝提前泡软，再切碎。胡萝卜洗净去皮，擦成细丝，再切碎（图6）。
8. 将备好的所有材料混合一起，加入剩下的盐，拌匀成馅（图7）。
9. 取出发好的面团，充分揉面排除多余气泡，搓成长条，分切成15个面剂子，分别擀成圆皮，包入馅，提褶儿包成包子生坯（图8）。全部包好后覆盖保鲜膜，醒发30分钟，放进冷藏室冷藏。

次日早上完成

1. 苔菜素包入蒸锅蒸熟。汤锅里烧开水，放入菠菜焯烫1分钟，捞出过凉水后挤掉水分，切碎。火腿切细条，鸡蛋加1/4茶匙盐打散。
2. 平底锅里先倒入少许油烧热，倒入菠菜碎，加入1/4茶匙盐，炒干水分，盛出。
3. 锅里倒适量油转开、烧热，倒入蛋液平摊开，并用铲子轻轻搅动底部，使上面的蛋液渗下去，底面不至于煎老。
4. 铺上菠菜碎和火腿丝，待底部定型。
5. 轻轻由一边抄底将蛋饼约1/3翻上来，压实，再将另一边1/3翻上来压实，最后翻面，保持小火，轻轻按压蛋饼各处，使其均匀受热，并将折叠处煎实。
6. 盛出煎好的蛋烧，切小块。煮好的粥盛入小碗中，包子和蛋烧一起装入盘中，猕猴桃切开。完成！

千层肉饼套餐

主食 千层肉饼
汤粥 小米绿豆粥+桂花酸奶
水果 苹果

千层肉饼

原料：面粉200克，猪五花绞肉135克，葱60克

调料：姜末、料酒各1茶匙，生抽2茶匙，老抽1/2茶匙，五香粉1/4茶匙，蚝油1.5汤匙，盐1/2茶匙，生粉1茶匙，香油1茶匙

小米绿豆粥

原料：小米120克，绿豆30克

桂花酸奶

原料：酸奶300克
调料：糖桂花适量

营养早参考

　　热腾腾的绿豆粥，配上香喷喷的千层肉饼，还有哪个孩子能不为之胃口大开呢？再加上适合孩子口味的自制桂花酸奶，其中的有益乳酸菌还能帮孩子的肠道做个健康运动。饭后再来一个富含维生素C、天然果胶的苹果，一顿营养健康的早餐就大功告成了。

▶▶▶▶

头天晚上准备

1

面粉中冲入50℃~60℃的温水130克，搅拌均匀。

2

揉成光滑柔软的面团，装入保鲜袋中。

3

猪绞肉加姜末、料酒、生抽、老抽、五香粉、蚝油、盐，分次淋入少许水搅拌顺滑，加生粉搅匀，淋香油拌匀。

4.拌好的肉馅覆盖保鲜膜，放入冰箱冷藏。小米和绿豆分别淘洗干净，放入电压力锅中，加入水，以预约方式煮粥。苹果洗净。

次日早上完成

1

葱切碎，加入前一晚调好的肉馅中，拌匀。

2

冰箱中取出面团，搓成一头略粗的条。

3

擀开，尽量擀薄。

4

铺上肉馅，宽的那头留出边缘不抹。

5

一层层叠起，边抻边叠，让面皮更薄一些。

6

叠到宽头时，用多余的面皮包住。

7

捏紧面皮边缘。

8

盖干净纱布，松弛5~10分钟后轻轻擀开擀薄成肉饼生坯。

9

平底锅烧热，锅底淋少许油抹匀，放入肉饼生坯，中小火煎半分钟后给表面刷油。

10

将肉饼翻面。

11

盖上锅盖，中途还需翻面，煎至两面金黄、上色均匀、面饼鼓起，即可出锅。

12

酸奶装杯中，淋入糖桂花拌开。粥装碗中。苹果切块装盘。肉饼切件装盘。完成！

土豆丝饼套餐

主食 土豆丝饼
汤粥 胡萝卜银耳豆浆
水果 蓝莓

土豆丝饼

原料：大土豆1个，红椒1/2个，鸡蛋2个，面粉4汤匙，火腿1片

调料：小葱1根，盐1茶匙，胡椒粉1/4茶匙

胡萝卜银耳豆浆

原料：黄豆2/3杯，胡萝卜55克，干银耳8克

营养早参考

别看土豆其貌不扬，其实只要将其跟牛奶搭配，便可以提供人体所需要的全部营养成分，因此土豆的营养价值还是不可小觑的！胡萝卜银耳豆浆，将豆浆中的优质蛋白质、胡萝卜中的胡萝卜素、银耳中的银耳多糖集于一身，对孩子身体更有益。蓝莓富含花青素，能帮助孩子缓解学习疲劳，还能在一定程度上保护视力。

▶▶▶▶

头天晚上准备

1. 银耳泡发后洗净，撕成小朵。胡萝卜洗净，去皮，切薄片。黄豆洗净，浸泡一夜。
2. 蓝莓洗净，沥水。红椒洗净。

次日早上完成

1. 倒掉浸泡黄豆的水，将黄豆再次清洗一下，放入全自动豆浆机中，加入银耳和胡萝卜，补充清水到刻度线，选"五谷豆浆"开始工作。汤锅中烧沸足量的水。土豆削去皮，洗净，擦成粗丝。
2. 用清水洗两遍土豆丝后倒入沸开的水里，焯烫1.5分钟，捞出冲凉，沥水后放入盆里。
3. 红椒切细丝，火腿切丝，小葱切碎。上述材料一起放入土豆丝盆里，打入鸡蛋，倒入面粉，调入盐和胡椒粉。
4. 将盆中所有材料搅匀。
5. 平底锅烧热，倒入适量油转开，用汤勺舀起调好的面糊，倒在锅底摊成圆形。
6. 小火煎熟，至饼两面金黄上色即可出锅。打好的豆浆装杯。土豆饼装盘，吃时根据口味可蘸食番茄沙司。蓝莓装碗。完成！

贴心小提示

　　1. 表皮光滑的土豆，口感是脆的；表皮上有很多小麻点的土豆，口感是面的。选择脆的土豆来做土豆丝饼，口感更好。

　　2. 胡萝卜可以先蒸熟，再放入豆浆机中搅打，味道会更柔和，即使是讨厌胡萝卜味道的孩子也可以接受。

茼蒿火腿饭套餐

主食 香蕉煎饼+茼蒿火腿饭
其他 鲜榨橙汁+蓝莓

香蕉煎饼

原料：香蕉1根，
鸡蛋1个，白糖1茶
匙，黄油15克，
面粉6汤匙，牛奶
80~100毫升
调料：蜂蜜适量

茼蒿火腿饭

原料：茼蒿1小把，火腿2片，米饭1小碗
调料：葱花适量，盐1/2茶匙

鲜榨橙汁

原料：甜橙3个

头天晚上准备

1. 蒸锅烧开后关火，打开盖子，将香蕉和黄油放在蒸屉上，盖上锅盖闷一会儿，至香蕉软烂、表皮变黑，黄油软化（图1）。
2. 香蕉剥皮，打成细泥状，打入鸡蛋（图2）。
3. 再加入白糖，用打蛋器充分打匀，一勺勺加入面粉（图3）。
4. 拌匀，倒入牛奶调整稠度（图4），应该能够顺畅流动但不会太稀。
5. 打好的面糊覆盖保鲜膜，放入冰箱冷藏过夜。
6. 茼蒿和蓝莓洗净，沥干水分后装入保鲜袋储存。甜橙剥去外层厚皮，装入保鲜袋。

次日早上完成

1

取出香蕉面糊，静置稍稍回温。茼蒿切碎，火腿切碎。锅中烧热油，下葱花炒香，先下火腿粒炒一下，再下茼蒿略炒，调入盐，最后倒入米饭。

2

拌炒匀即可关火。

3

炒饭盛入饭团模具中，先放在能保温的地方（比如蒸锅里）。

4

平底不粘锅烧热，淋少许油抹匀锅底，在锅底上方将香蕉面糊垂直落下，会自然漫开成圆形，只要稠度合适，就可以形成1个直径和厚度都合适的小圆饼。

5

将小圆饼煎至两面金黄上色即可出锅，装盘，吃时可以淋上蜂蜜。

6

煎饼的同时将甜橙榨汁。最后将饭团模里的饭团扣出装盘。甜橙汁装杯。蓝莓装小碟中。完成！

贴心小提示

1. 做点心用的香蕉最好选择自然放置至熟透、皮呈全褐色、肉软软的那种，风味最好。实在没有，可以用入锅蒸的做法来帮助香蕉"熟透"。

2. 香蕉面糊的稀稠度会直接影响成品的外观和口感。若太稀，则摊出来的饼太薄，形状流淌得不规则；若太厚，又不容易摊开。另外，如果面糊冷藏过，会比刚调好的面糊略稠一些，这一点也要考虑进去。

营养早参考

翠绿的茼蒿、粉嫩的火腿、洁白的米饭，组合成的茼蒿火腿饭诱人食欲。创新制作的香蕉煎饼，使得香甜的香蕉的营养成分充分融入面粉中。色香味俱全的主食，伴随一杯鲜榨橙汁下肚，可以充分满足孩子一上午对营养素的需求。　▶▶▶▶

酸辣汤套餐

主食	煎馒头片
配菜	韭菜炒蛋
汤粥	酸辣汤
水果	苹果

煎馒头片

原料：绿豆馒头（做法见本书p.223）3个
调料：盐1/2茶匙

韭菜炒蛋

原料：韭菜66克，鸡蛋3个
调料：盐1茶匙，香油少许

酸辣汤

原料：猪棒骨1700克
调料：料酒4汤匙，调料包（装入八角3个，小茴香2茶匙，草果1个，香叶3片），葱3段，姜2大片，盐1汤匙，香菜碎适量，胡椒粉1/2茶匙，米醋1汤匙，香油少许，盐1/4茶匙，紫菜少许

头天晚上准备

1

锅中倒入足量清水，放入洗净的猪棒骨。

2

大火烧开后倒入料酒，继续煮5分钟。

3

旁边灶上起锅，烧开足量水，待棒骨氽好后捞入这个开水锅内，继续煮沸，放入调料包、葱、姜和盐，大火煮开5~10分钟。

4.盖上锅盖，转小火炖1.5~2小时至肉烂，捞出肉骨头放凉，待表面变干后包上保鲜膜，放入冰箱。骨头汤盛入大碗里，放进冰箱冷藏。韭菜择洗干净，沥水。

次日早上完成

1

冰箱里取出骨头汤和肉骨头。

2

拆下骨头上的瘦肉，撕碎，放入碗里。

3

紫菜撕碎，与香菜碎一同放入碗中，调入胡椒粉、米醋、盐，滴几滴香油。

4

鸡蛋打散，放入切碎的韭菜，调入盐打匀。

5

碗里倒入适量水，加入盐拌匀成淡盐水。小馒头横向切成片。

6

平底锅中烧热适量油，用筷子夹着馒头片在淡盐水中快速浸泡一下。

7

放入锅里小火煎至两面金黄，取出装盘。

8

用勺子将骨汤表面的白油撇掉。

9

骨汤倒入小锅中加热。

10

煎完馒头片的锅里继续倒入油烧热，倒入韭菜蛋液。

11

盛蛋液的碗底倒少许水涮一下，也倒入锅里，大火快速翻炒至熟，点少许香油，出锅。

12

烧开的骨汤冲入装碎肉和调料的碗里，拌匀。苹果削皮后切块，装盘。完成！

营养早参考

韭菜是春天的应季蔬菜，质嫩味浓。将韭菜与鸡蛋同炒，便制成了一道简单却很下饭的佳肴。对于不喜欢吃煮蛋的孩子来说，韭菜炒蛋是一个不错的选择，能补充优质蛋白质、卵磷脂、膳食纤维、B族维生素等。煎馒头片外酥里软，配以酸辣汤，汤水充足，利于消化。最后配一个苹果，丰富的维生素也被收入腹中。 ▶▶▶▶

什锦烩火烧套餐

| 主食 | 什锦烩火烧 |
| 水果 | 甜瓜+香蕉 |

什锦烩火烧

原料：硬面火烧1个（约200克），小西红柿3个，冬瓜250克，水发木耳50克，鸡蛋2个，骨汤1000毫升，棒骨肉适量，香菜适量

调料：盐1茶匙，葱花适量，香油少许

头天晚上准备

1

新鲜棒骨买回炖好（做法见本书p.36"酸辣汤"做法），将汤和肉分别冷藏保存。火烧切成均匀的小块。

2

火烧块放在沥水容器里，用手接少许水洒在火烧块上，边撒边轻颠容器，使沾水均匀（也可用喷壶喷水）。

3

火烧块上再撒些许面粉，颠匀。

4

平摊在案板上晾干，静置过夜。

蛋液加少许盐和1汤匙凉开水打散。取长方形碗，碗壁抹些香油。

将蛋液倒入，开水上屉，转小火蒸5分钟左右成蛋羹。

取出蒸好的蛋羹，用小刀划小方格。

用勺子轻轻将其撬散，包保鲜膜，冷藏保存。木耳泡发，洗净沥水，冷藏。冬瓜去皮、瓤，洗净，冷藏。西红柿、甜瓜洗净。

次日早上完成

取出冷藏的汤和肉及其他所有原料。

将西红柿去皮，切成小丁，撒上葱花。冬瓜切片，木耳撕成小朵。

肉汤表面的白油撇掉。

从棒骨上拆下适量肉，一起倒入锅中，加入西红柿丁、木耳和葱花。

大火煮沸后转小火煮5~10分钟。

下入冬瓜片，再煮5分钟，倒入蛋羹、盐煮匀。

倒入火烧块。

马上关火，加入香菜碎和香油搅匀。甜瓜和香蕉切小块，装盘。完成！

贴心小提示

硬面火烧又名杠子头，是一种硬质发面炉饼。过去的火烧为了耐保存，质地非常硬，可以切了直接泡汤里，不容易泡烂。现在市面所售的火烧，尽管比馒头质地要硬很多，但已经是改良过的，泡水后容易松散，用洒水和拌面粉的方法就是为了隔水，使其不容易泡散。需注意的是，洒水和拌面粉之后要彻底晾干再用。

营养早参考

火烧质硬，故配以棒骨肉、小西红柿、冬瓜、鸡蛋、木耳等多样荤素食材，制成菜肉荟萃的烩火烧，营养丰富，易于消化。再配以甜瓜、香蕉，能补充丰富的钾、维生素C等，令孩子上午的精力更充沛。　▶ ▶ ▶ ▶

玉米片片猪扒套餐

主食 栗香玉米片片
配菜 炸猪扒
汤粥 菠菜蛋汤
其他 西红柿块

栗香玉米片片

原料：细玉米面
100克，栗子泥
120克，小苏打
1/4茶匙
调料：白糖10克

炸猪扒

原料：新鲜猪里脊1/2条
调料：料酒2茶匙，海
盐1茶匙，现磨黑胡
椒1/2茶匙，面粉、蛋
液、面包糠各适量

菠菜蛋汤

原料：菠菜400克，鸡蛋1个，干海米30克
调料：姜丝适量，料酒1茶匙，盐1茶匙，香
油少许

头天晚上准备

1 栗子用电压力锅煮熟，放入搅拌机中，加点煮栗子的水，打成细泥状。

2 玉米面中加入白糖、小苏打和栗子泥。

3 和成均匀偏软的面团，松弛10分钟。

4 面团分成每个约30克的剂子，逐个揉搓成粗条，拍扁成片片生坯。

5 平底锅抹少许油烧热，摆放入生坯，略煎。

6 倒入热水（没过片片一半高度），盖锅盖煮至水干、片片底部金黄。

7 里脊肉洗净，擦干，切掉白色筋膜。

8 间隔1厘米宽度切，第一刀不到底，第二刀切断，然后将肉掰开摊平。

用肉锤将肉片两面分别捶散捶薄，两面均匀淋上料酒。
⑨

撒盐和黑胡椒粉，装盘，覆盖保鲜膜，放入冰箱冷藏。菠菜择洗净，沥水。西红柿洗净。
⑩

贴心小提示

炸猪扒采取煎炸的方法比较好，需注意的是，煎炸用的油量要比炒菜油量略多一些，油少炸不脆，油多了口感发腻又费油。如果家里有空气炸锅是最好的，不需要油也可以炸出脆嫩的猪扒。

次日早上完成

①

将栗香玉米片片放蒸锅或微波炉中加热。菠菜入开水锅焯煮1分钟，捞出过凉水，挤干水分，切小段。

②

锅底烧热油，放入姜丝和海米。

③

小火略炒，淋入料酒，散掉酒味儿后倒入足量的水，烧开2~3分钟。

④

放入菠菜，调入盐搅一下，大火煮1分钟。鸡蛋充分打散，加1茶匙水充分打匀。

⑤

将汤搅动着转起来，淋入蛋液，关火，点少许香油，轻轻搅匀。

⑥

将面粉、蛋液、面包糠分别装在3个小盘里。平底锅倒入没过锅底的油，烧热。

⑦

油热后转小火，将肉片从冰箱中取出，依次裹匀面粉、蛋液和面包糠，放入锅里煎至两面金黄。

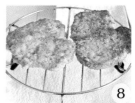
⑧

取出肉片，放在架子上沥油，切件，装盘。西红柿切块，摆在旁边。菠菜蛋汤装碗。栗香玉米片片装盘。完成！

营养早参考

栗香玉米片虽然是一款粗粮，但香气诱人，含丰富的矿物质、维生素、膳食纤维，孩子一定会喜欢。菠菜蛋汤能提供胡萝卜素、优质蛋白质、钙、铁等，保护视力。炸猪扒提供优质蛋白质、脂肪，能帮助维持饱腹感，提供大脑所需的蛋白质。吃完炸猪扒后，来点富含维生素C、番茄红素的西红柿，能解油腻、提高机体抵抗力。 ▶ ▶ ▶ ▶

西葫芦肉汤面套餐

主食 西葫芦肉汤面
配菜 脆爽萝卜片+肉丁蒸蛋羹

西葫芦肉汤面

原料：猪肉100克，西葫芦1个，挂面150克

调料：葱花、姜丝各适量，料酒1茶匙，生抽1/2茶匙，盐1茶匙，香菜适量，香油少许

脆爽萝卜片

原料：白萝卜250克

调料：盐1/2茶匙，味极鲜酱油1汤匙，米醋1/2汤匙，白糖1/2汤匙，香油少许

肉丁蒸蛋羹

原料：鸡蛋2个，凉开水约120毫升（与蛋液等量），熟咸肉少许

调料：盐1/4茶匙

头天晚上准备

1. 猪肉切片，用保鲜膜包住冷藏。
2. 西葫芦洗净，白萝卜洗净。

营养
早参考

　　春季天气乍暖还寒，气温不稳定，饮食也要及时调节。在天气变暖的时候，饮食也宜随之清淡些。一碗西葫芦肉汤面，有肉、有菜，营养搭配合理，咸淡适口，定能让孩子胃口为之一振。肉丁蒸蛋羹制法清淡，在保证充足蛋白质的同时，减少了多余脂肪的摄入。脆爽萝卜片虽是点缀于餐桌间的一道小菜，却能令孩子胃口大开。

▶ ▶ ▶ ▶ ▶

次日早上完成

1. 白萝卜去皮，纵切成四份，切成小片（图1）。
2. 白萝卜片装进大碗里，撒上盐，拌匀后静置15分钟（图2）。
3. 酱油、米醋、白糖放进小碗里，再滴2滴香油，搅匀备用（图3）。
4. 鸡蛋磕入碗中搅散，再加入等量的凉白开水（图4）。
5. 调入盐搅匀，通过滤网滤掉泡沫，平均分倒入3个小碗里（图5）。
6. 熟咸肉切成小碎丁（图6），分别撒点儿在蛋液碗里。
7. 蒸锅加水烧开，将蛋碗放入，每个上面再盖1个小碟子，中火蒸8分钟左右，至倾斜蛋碗而表面不流动、蛋羹中心处微微晃时关火，盖上锅盖闷5分钟。
8. 炒锅放油烧热，下肉片（图7）炒至变色。
9. 加入葱、姜炒香（图8），淋入料酒和生抽，炒掉酒味。
10. 倒入足量水，大火烧开后下入挂面（图9）。
11. 再次煮开后撇掉浮沫（图10），继续中火煮。
12. 西葫芦用擦子擦成细丝（图11）。
13. 锅里的面煮至断生，调入盐，放入西葫芦丝，再煮1分钟，放入切碎的香菜搅匀（图12），关火，淋少许香油。
14. 把白萝卜片中杀出的水倒掉不要（图13）。
15. 再用手稍微挤干白萝卜中的水分，倒入调好的调料（图14），拌匀。
16. 取出蒸蛋羹。汤面装碗。拌萝卜装盘。完成！

贴心小提示

　　1. 熟咸肉可任意选购，以猪肉为好，酱牛肉与蛋羹味儿不搭。
　　2. 要想蒸出嫩滑的蛋羹，有以下几个小诀窍：用凉白开水；加入的水量和蛋液量要相等；将蛋液的泡沫过滤掉；每一小碗上都要盖盖子（或覆盖保鲜膜）再蒸。

骨汤面鸡棒套餐

主食 骨汤面
配菜 鸡肉棒

营养
早参考

骨汤面

原料：猪棒骨500克，挂面150克，娃娃菜120克，泡发木耳75克，紫菜5克，虾皮20克
调料：盐1茶匙，香油少许，香菜适量

鸡肉棒

原料：鸡腿3只
调料：料酒1汤匙，盐1/2茶匙，生抽1茶匙，现磨黑胡椒粉1/4茶匙，韩式辣椒粉1/2茶匙，生粉1汤匙

　　想将一碗面做得好吃，用骨汤煮面就能达到目的了。骨汤面中再加入娃娃菜、木耳、紫菜，不仅孩子吃得过瘾，更获得了碳水化合物、维生素、钙、铁、碘等营养素。鸡肉棒用鸡腿肉制作，加入了黑胡椒粉等调味，减少了过多盐分的摄入，保证了优质蛋白质这一重要营养素的摄取。　▶▶▶▶

头天晚上准备

1

鸡腿去骨、皮、筋，取肉，细细剁碎。

2

淋料酒、生抽、盐，要轻轻剁防止进溅。

3

剁匀后加入黑胡椒粉。

4

加入细辣椒粉继续剁匀。

5

加上生粉，一开始仍要轻轻剁防止生粉飞扬，然后再细细剁匀。

6

将整个肉馅儿整理成长方形。

7

用刀和刮刀辅助切出长条状。

8

稍加整理成圆柱形，轻轻摆放入保鲜盒，放入冷冻室冷冻一夜。

9.猪棒骨洗净，炖成大骨汤。娃娃菜洗净沥水。泡发木耳洗净。香菜洗净。

次日早上完成

1

锅中倒入大骨汤烧开。空气炸锅200℃预热3分钟，从冷冻室取出鸡肉棒放入抽屉，定时8分钟。

2

木耳切丝，娃娃菜切小段。锅中骨汤烧开后放入挂面，煮开。

3

锅中加入娃娃菜和木耳，搅开，调入盐，煮2~3分钟。

4

放入紫菜和虾皮，煮半分钟，关火，加香油和香菜搅匀，装入碗中。取出空气炸锅中炸好的鸡肉棒，装盘。完成！

贴心小提示

1. 剁鸡肉或整形时，肉都很容易粘刀，只要在刀上淋（或蘸）点水就容易操作了，但注意水不要太多。

2. 鸡肉棒一定要先冻至硬挺再入锅炸，这样既容易保持形状，又不会粘在炸篮的网上。

3. 韩式辣椒粉辣味儿很轻，如果换成一般的辣椒粉，要注意减少用量。早上尽量不要吃太辣的食物，不然肠胃受不了。

芹菜虾仁馄饨套餐

主食	芹菜虾仁馄饨
水果	橙子

芹菜虾仁馄饨

馄饨皮：面粉300克，盐2克，菠菜汁152克

馅料：猪绞肉100克，鲜虾仁100克，芹菜150克，葱姜末适量，料酒1茶匙，生抽1茶匙，盐1/2茶匙，香油2茶匙

汤料：鸡蛋1个，紫菜、虾皮、榨菜末、香菜末、香油、胡椒粉、盐、味极鲜酱油各适量

头天晚上准备

1

面粉中加盐混匀，倒入菠菜汁，揉成光滑偏硬的面团，松弛一会儿。

2

用淀粉做铺粉，将面团擀开成薄面皮。

3

擀开后再撒一层淀粉防止粘连。

4

将面皮折叠起来。

5

面皮切成7厘米宽的条，要尽量切得宽度一致。

6

将每一段展开，摞在一起。

7

切成大小一致的片。

8

切好后盖上干净纱布防止表面风干。

鲜虾去壳取虾仁，去虾线，剁碎，和绞肉混合，加入葱姜末、料酒、生抽搅匀，如太干可淋少许水到能拌开的程度。芹菜切细粒。

芹菜粒倒入猪绞肉中，调入盐和香油，拌开成馅料。

取一张馄饨皮，靠下方放上馅料，折起。

如皮较薄可折两次，捏住两端。

15.如打算次日早上吃，可放入冰箱冷藏室保存；若打算多放几天，就要冷冻保存，随吃随取。橙子洗净，控水。

将上边留出的皮下翻，将2个下角捏住。

全部包好后放进保鲜盒。

次日早上完成

1. 鸡蛋打散，入锅摊成薄薄的蛋皮，取出切成丝。
2. 锅里烧开足量水，放入馄饨煮开，浇一小碗凉水，再煮开、再浇，总共浇3次凉水，煮至馄饨全部浮起、鼓胀。
3. 碗中放进紫菜碎、虾皮、香菜碎、榨菜末、胡椒粉、盐、香油，倒入煮馄饨的沸汤冲开，捞入馄饨，最后放入蛋皮丝即可。
4. 橙子切块，装盘。完成！

贴心小提示

1. 馄饨有多种包法，请参考本书配套视频。

2. 如有鸡汤或高汤，可用其煮开来冲馄饨的小料，味道更鲜美。

营养早参考

馄饨虽然做起来稍显麻烦，但是看到孩子在享用时的满足，这点麻烦便也被忘却了，更何况这款馄饨将幼滑Q弹的虾仁、高蛋白的鸡蛋，以及芹菜、菠菜汁等"收入囊中"，将蛋白质、多种维生素、钙等营养素"一网打尽"。最后再来一个橙子，补充水分、维生素C，阳光一天从此开始！ ▶ ▶ ▶ ▶

 抹茶蜜豆吐司套餐

营养早参考

抹茶蜜豆吐司

原料：金像高筋面粉350克，抹茶粉13克，耐高糖酵母6克，白糖50克，盐4克，牛奶225克，蛋液35克，黄油35克，蜜豆120克

五彩虾仁豆腐羹

原料：鲜虾18只，豆腐150克，冷冻玉米粒80克，冷冻甜豌豆80克，鸡蛋1个

调料：盐1茶匙，水淀粉1汤匙，香油1茶匙，香菜碎适量

在春天，宜多食甘、少食酸，五彩虾仁豆腐羹中的鲜虾、豆腐、玉米、豌豆、鸡蛋，都是"甘味"的食材，且营养素含量各有强项，相互搭配能提高营养素的吸收率。抹茶蜜豆吐司质地松软，香气诱人，能提供充足的碳水化合物，供孩子上午学习时的脑力消耗所需。

头天晚上准备

1. 将牛奶、蛋液、糖和盐先在面包桶里搅匀，倒入高筋面粉和抹茶粉，最后放入酵母，送入面包机中，先运行"和面"程序，然后再启动"和风"程序。
2. 运行10分钟后加入切片的黄油。
3. 面包机屏幕显示为01：52时机器会排气，待排气完成后按"暂停"，取出面团。将面团轻轻按压排气后擀开，使宽度与面包桶一致，铺上蜜豆，卷起，再放进面包桶中。
4. 将面包桶外侧包裹锡纸，送入面包机中，继续运行设定好的程序。
5. 烤好后取出面包桶，倒出面包，放在晾架上放凉，然后密封保存。

次日早上完成

1. 烤好的吐司切片，入烤箱，以150℃烤5分钟至外脆内软（烤箱不必预热）。豆腐切小丁，鸡蛋打散。鲜虾洗净，去壳、虾线、冷藏。
2. 锅里烧开足量的水，放入豆腐丁，煮2~3分钟，撇掉浮沫。
3. 锅中放入玉米粒和豌豆粒，再煮1分钟，调入适量盐。
4. 再放入鲜虾仁，开大火，淋入水淀粉，顺一个方向搅动勾芡，继续煮1~2分钟。
5. 保持大火，淋入蛋液。
6. 轻轻搅开，马上关火，放入香菜碎，淋入香油，搅匀。取出烤好的吐司，装盘。五彩虾仁豆腐羹装碗中。完成！

翡翠面片套餐

主食	翡翠面片
其他	白煮蛋+玉米

翡翠面片

原料：面粉200克，菠菜汁102克，盐2克，淀粉适量，中等大小胡萝卜1个，水发木耳50克

调料：葱花、姜丝各适量，生抽1/2茶匙，盐1茶匙，香油1/2茶匙

营养早参考

　　玉米、白煮蛋制作方便，在早晨时间比较紧张时可以快速做好。翡翠面片味道清淡，提供了早餐中的汤水和面食。玉米含有丰富的膳食纤维、氨基酸、维生素E等营养素，能使孩子的主食结构不致过于精细，且让孩子摄取到更多的对身体发育有益的矿物质等营养素。

▶▶▶▶

春季营养早餐

头天晚上准备

1

菠菜洗净，入沸水焯烫1分钟，捞出过凉，稍挤水分，放进搅拌机，加水，打成菠菜汁。

2

面粉中加入盐和匀，倒入菠菜汁，揉成光滑偏硬的面团，覆盖保鲜膜，静置使其松弛。

3

案板上撒淀粉，将松弛过的面团先擀开，再卷在擀面杖上。

4

推擀成薄面皮儿，最后再铺撒一薄层淀粉。

5

将面皮卷在擀面杖上。

6

用刀将面皮在擀面杖上划开。

7

撒掉擀面杖，将面片顺长一切为二，再改刀切成菱形片。

8

面片摊开，盖干净纱布。胡萝卜洗净。木耳泡发后洗净，撕成小朵。

次日早上完成

1. 冷冻熟玉米放入蒸锅中，大火将蒸锅烧开，再放入洗净的鸡蛋，转中火蒸7分钟左右。胡萝卜切片。炒锅放油烧热，放入葱花、姜丝炒香。

2. 放入胡萝卜片和木耳，调入生抽炒匀。

3. 倒入足量的水，烧开。

4. 将面片放入锅中（尽量逐片放入防止粘连），煮2~3分钟至汤变稠，调入盐搅匀，关火，淋入香油搅匀。鸡蛋蒸好后快速取出，放入冷水中浸3分钟，取出。玉米取出装盘。面片汤盛入碗中。完成！

1

2

3

4

贴心小提示

1. 煮熟的玉米可装进保鲜袋冷冻保存，下次食用前取出化开（化冻前不要撒掉保鲜袋，不然容易脱水，影响口感），蒸透即可。

2. 菠菜从焯烫到打汁，每次得到的成品浓度都不一样，所以用量也不同，最主要是要掌握面团的软硬度，和好的面团要稍硬些为好。

3. 面片提前擀开，室温下可以保存1~2天。面片间撒上淀粉，就不会互相粘连。即使放置时间长些，表面有点风干也没关系，不影响下锅煮。

51

鸡蛋沙拉
紫薯堡套餐

主食 鸡蛋沙拉紫薯堡
汤粥 金针豆皮紫菜汤

鸡蛋沙拉紫薯堡

紫薯餐包原料：金像高筋面粉185克，低筋面粉75克，耐高糖酵母4克，白糖32克，盐3克，蛋液25克，水102克，紫薯泥55克，黄油25克

夹馅原料：鸡蛋2个，黄瓜1根，新鲜菜叶（生菜、油麦菜、小白菜均可）适量，冷冻甜玉米粒50克，沙拉酱2汤匙，黑胡椒粉少许

金针豆皮紫菜汤

原料：金针菇150克，小白菜80克，泡发木耳50克，豆腐皮50克，干海米10克，紫菜6克

调料：姜丝适量，盐1茶匙，香油少许

营养早参考

　　金针菇有"益智菇"的美誉，富含的氨基酸、B族维生素能促进神经系统发育，让大脑思维更敏捷，配以含矿物质丰富的豆腐皮、海米，能促进孩子的骨骼发育。鸡蛋沙拉紫薯堡，用翠绿新鲜的蔬菜、甜糯的玉米粒、鸡蛋制成馅料，再夹入紫薯条包，一款中西合璧的营养汉堡便制成了。

▶▶▶▶

头天晚上准备

1. 金针菇、小白菜、黄瓜分别洗净，沥水。
2. 木耳泡发，择洗干净。玉米粒从冷冻室取出。
3. 紫薯餐包原料中除黄油外所有原料混合，和成面团，揉至面筋具备延展性（图1）。
4. 加入静置回温软化的黄油（图2）。
5. 揉至"面筋扩展阶段"（图3），即可以轻易拉出大片均匀薄膜，破口带锯齿边缘。
6. 将面团收圆入盆（图4），完成基础发酵。
7. 取出面团排气，分切为6个50克的面团和2个95克的面团。50克面团逐个滚圆，放在铺垫好的烤盘上。95克面团整理成橄榄形，装入条形汉堡模中（图5）。
8. 整理好的面团发酵至原体积2倍大，表面刷上蛋液（图6），放入预热180℃的烤箱中层，烤13分钟即可。

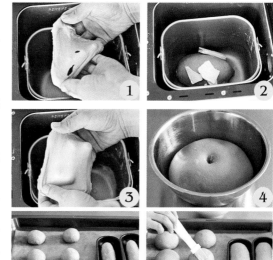

次日早上完成

1. 小白菜切段，木耳切丝，豆腐皮切丝。鸡蛋蒸熟或煮熟。
2. 锅中放少许油烧热，放入姜丝和海米（图1）炒几下。
3. 再放入木耳丝略炒（图2）。
4. 加水（图3），水开后转小火煮2~3分钟。
5. 转中大火，加入金针菇（图4）煮2分钟。
6. 加入豆腐皮和小白菜再煮1分钟（图5）。
7. 调入盐，最后放入紫菜（图6），搅开后关火，点少许香油。
8. 玉米粒用开水烫一下。黄瓜切小丁。菜叶撕碎。鸡蛋剥壳后切丁。上述材料一起放入沙拉碗中（图7）。
9. 调入沙拉酱和少许黑胡椒粉（图8），拌匀。
10. 紫薯餐包横切（不切断），切面朝上放进烤箱（不必预热），以150℃烤5分钟，取出，将适量鸡蛋沙拉夹在面包中间即可。紫菜汤装碗中，紫薯堡装盘。完成！

菠菜蛋饼
三明治套餐

主食 菠菜蛋饼三明治
汤粥 麦片牛奶
水果 猕猴桃+圣女果+芒果

菠菜蛋饼三明治

吐司原料： 高筋面粉175克，低筋面粉75克，酵母3克，白糖33克，盐4克，水99克，蛋液25克，淡奶油50克，黄油25克

三明治原料： 菠菜50克，鸡蛋2个，马苏里拉奶酪碎（或其他奶酪）30克，吐司4片，黄瓜片适量，火腿1片，脆生菜适量

调料： 盐1/4茶匙，沙拉酱适量

麦片牛奶

原料： 早餐奶每人1盒，即食麦片适量

头天晚上准备

1 除黄油外所有吐司原料揉至面筋能够扩展开，加入软化黄油，继续打至面筋完全阶段。

2 收圆入盆，覆盖，于温暖处进行基础发酵。

3 取出排气，分割4等份，滚圆，进行中间发酵20分钟。

4 取一个面团擀开。

5

折三折，按紧。

6

顺长再均匀擀开，紧紧
卷起。

7

摆放入模具内，进行最
后发酵。

8

最后发酵至模具八九分
满，盖上盖子。烤箱
180℃预热好，烤盘放
入烤箱下层，烤40分
钟，出炉立刻脱模。

9.菠菜、生菜分别择洗净。所有水果洗净。

次日早上完成

1

2

3

4

5

6

7

8

1.牛奶倒入奶锅中加热，微沸时关火，放入即
　食麦片稍焖。

2.菠菜入沸水锅里焯烫1分钟（图1），捞出稍
　挤水分，切碎段。

3.鸡蛋打散，倒入菠菜碎、奶酪碎，调入少许
　盐，打匀（图2）。

4.锅烧热，倒入少许油，倒入蛋液混合物（图
　3），小火煎至两面金黄.

5.取出，在案板上切掉边，切成与吐司大小相
　同或稍小的正方形（图4）。

6.取一片吐司，在上面放上菠菜蛋饼（图5）。

7.再放上一片吐司，上面摆上火腿片和黄瓜片
　（图6）。

8.再放上一片吐司，将蛋饼切下的边并排摆
　上，再铺上些生菜叶，挤上沙拉酱（图7），
　最后再摆上一片吐司。

9.切去四边，沿对角线轻轻切开（图8），呈立
　起的三角形并排摆放。

10.麦片牛奶装杯中。猕猴桃去皮切片。苹果一
　　切两半，去核，果肉切花刀。所有水果装
　　盘。完成!

营养
早参考

　　牛奶泡麦片，这一经典的搭配是有其营养基础的：麦片提供大量的碳水
化合物和膳食纤维，牛奶提供丰富的优质蛋白质。菠菜蛋饼三明治，在西式鸡
蛋三明治的基础上，配以菠菜等蔬菜，使碳水化合物、脂肪、蛋白质搭配更合
理。最后再来一颗水果，一天的生活学习便开了个好头!

▶ ▶ ▶ ▶

发糕肉堡套餐

主食 发糕肉堡+胡萝卜戚风蛋糕

汤粥 紫菜蛋花汤

发糕肉堡

原料：面粉200克，酵母4克，白糖20克，牛奶54克，紫胡萝卜150克，香脆田园肉排适量（做法见本书p.234）

模具：蛋挞模

胡萝卜戚风蛋糕

做法见本书p.238

紫菜蛋花汤

原料：紫菜6克，虾皮20克，蛋1个

调料：盐1/2茶匙，水淀粉1汤匙，香油1茶匙，香菜少许

头天晚上准备

胡萝卜戚风蛋糕做好。紫胡萝卜洗净切块，送入榨汁机榨汁，分离汁和渣。

其余发糕肉堡所有原料混合，揉成均匀的面团。蛋挞模刷油，刷薄薄一层就好，不要太多。

和好的面团放在案板上，手上抹少许油，将面团分成每个40克的剂子，滚圆后放入中号蛋挞模中。

4

5

若切成每个30克则放入小号蛋挞模中。

覆盖好，发酵至原体积2.5倍大。开水上屉，大火蒸20分钟即可。

次日早上完成

1

2

3

小发糕放蒸锅或微波炉中加热。锅中倒入足量水烧开，调入盐。

煮开后淋入水淀粉。

放入虾皮，边搅边煮1分钟。

4

5

6

蛋液充分打散。紫菜撕碎，下锅，再淋入蛋液，用筷子轻轻搅开，马上关火，加入香油和香菜碎，搅开即可。

肉排放进预热好的空气炸锅里，炸熟。

将小发糕横切开，注意不要切断，夹入肉排。胡萝卜蛋糕脱模，切块。所有食物分别装盘中，完成。

营养早参考

紫菜含丰富的氨基酸、铁、碘等营养素，做成经典的紫菜蛋花汤，既能补充夜晚排出的水分，还能有一定的健脑作用。创新制作的发糕肉堡，外观可爱、诱人食欲，跟快餐厅的汉堡相比，更健康、更放心。胡萝卜蛋糕香甜可口，是喜爱甜食的小朋友的健康小点心。 ▶▶▶▶

贴心小提示

紫菜蛋花汤是非常简单又营养的快手汤，淋入水淀粉，可以使味道更好，且蛋花更漂亮。

吐司肉末披萨套餐

吐司肉末披萨

原料：厚黑米吐司片（做法见本书p.232）3片，猪绞肉150克，洋葱80克，小西红柿1个，卷心菜80克，马苏里拉奶酪碎60克

调料：白葡萄酒1汤匙，生抽、老抽各1茶匙，蚝油1汤匙，番茄沙司2汤匙

麦片牛奶

原料：牛奶450毫升，麦片适量

玉米汁

原料：熟的鲜玉米1穗

头天晚上准备

1
西红柿洗净，切小块。洋葱切碎。卷心菜洗净，切细丝。

2
炒锅烧热，加橄榄油烧热，倒入猪绞肉煸炒。

3
炒散至变色后加入洋葱碎，继续煸炒至洋葱变得透明。

4
倒入酒、生抽、老抽、蚝油和番茄沙司。

5
翻炒均匀后倒入适量水，略没过原料。

6
盖上锅盖，小火煮10分钟左右至汤汁收浓。

7
倒入菜丝和西红柿块。

8
炒匀即成披萨馅，关火，放凉后收入保鲜盒冷藏保存。

9.马苏里拉奶酪碎从冰箱冷冻室取出，放入冷藏室解冻。圣女果洗净，沥水。

次日早上完成

1

2

1.牛奶放入奶锅中加热。
2.用刀切下熟玉米上的玉米粒（图1），放入豆浆机中，补充水分到刻度线，接通电源，按下"玉米汁"按键开始工作。
3.吐司片放入烤盘中，先在表面四边刷上融化的黄油（或橄榄油），铺上之前炒好的披萨馅，撒上奶酪碎（图2）。
4.烤箱预热至200℃，烤盘放于中上层，烤5~6分钟至奶酪融化。
5.热牛奶装杯，撒上免煮麦片。玉米汁装杯。烤好的吐司披萨装盘，黄色圣女果摆边上。完成！

营养早参考

麦片跟牛奶是一对"黄金搭档"，其营养素相互搭配，能充分被人体吸收。吐司肉末披萨包含了多样蔬菜及肉、奶酪，蛋白质含量高，热量高。黄色圣女果、玉米汁为人体提供丰富的天然胡萝卜素、维生素E、番茄红素等。整套餐热量较高，尤其适宜乍暖还寒的初春食用。

麦片牛奶吐司套餐

主食	小吐司
配菜	芦笋樱虾摊蛋
汤粥	麦片牛奶
水果	圣女果

芦笋樱虾摊蛋

原料：芦笋3根，樱虾200克，鸡蛋4个
调料：盐3/4茶匙，黑胡椒少许

麦片牛奶

原料：牛奶250毫升，即食麦片适量

头天晚上准备

1. 小吐司可从面包店购买现成的，也可仿照本书 p.231"南瓜吐司"的做法自制。
2. 樱虾洗净，煮熟，剥去头，放入保鲜碗里冷藏保存。
3. 芦笋洗净，沥水。圣女果洗净，沥水。

贴心小提示

　　樱虾类似河虾，小而嫩，常用来制作干海米，每年四五月份大量上市，含丰富的磷、蛋白质，钙含量更是牛奶的6倍，可连壳吃掉。

次日早上完成

1

牛奶放入奶锅中加热。芦笋斜切成片。锅中烧热适量橄榄油，下芦笋煸炒几下。

2

倒入小樱虾，炒匀。鸡蛋充分打散成蛋液，加入1/4茶匙盐，打匀。

3

炒锅内调入适量盐，撒入少许现磨黑胡椒粉炒匀，倒入蛋液。

4

顺锅边儿淋入少许水，盖上锅盖，小火焖至蛋熟，盛出。牛奶装杯，撒入一些麦片。圣女果装盘。

营养早参考

　　麦片富含膳食纤维，能维持饱腹感，同牛奶是一对"黄金搭档"。咸鲜的樱虾，配上鲜嫩的芦笋摊蛋，色泽诱人，蛋香四溢，再就着小吐司，令人吃得心满意足。最后来几颗圣女果，一顿清爽的早餐便完美结束了。

 照烧肉三明治套餐

营养早参考

照烧肉三明治

原料：黑麦吐司6片，里脊肉2/3条，生菜3张，红绿甜椒各1/2个

调料：料酒1汤匙，生抽2汤匙，照烧汁3汤匙

枸杞三黑糊

原料：黑豆1/3杯，黑米1/3杯，枸杞20粒，黑芝麻1/3杯

调料：方糖3小块

花式蛋羹

原料：鸡蛋3个

调料：盐3/4茶匙

日式风味的照烧肉三明治，合理搭配了蔬菜、肉、主食，不仅口感好，膳食纤维、碳水化合物、蛋白质、维生素、铁等营养素也被囊括其中。枸杞三黑糊可滋阴养肾，健脑益智，促进孩子身体发育。草莓富含氨基酸，能帮助抗疲劳，提高学习效率。

头天晚上准备

1. 里脊肉切成两大块，去除白色筋膜，再横向片成厚度约7毫米的肉片，用刀背在肉的正反表面轻轻剁松，倒入料酒和生抽，按揉均匀（如右图），送入冰箱冷藏腌制一夜。
2. 黑豆洗净，浸泡一夜。黑米和枸杞一起淘洗干净，在另一容器里浸泡一夜。
3. 生菜和红绿甜椒、草莓分别洗净，沥水。

次日早上完成

1. 泡黑豆的水倒掉不要，将黑豆重新洗净，倒入豆浆机中，黑米、枸杞连同浸泡的水一起倒入豆浆机中，加入黑芝麻，补充水分到刻度线，接通电源，按下"五谷豆浆"按键，开始工作。
2. 鸡蛋的蛋清和蛋黄分别盛入2个小碗里，取1茶匙蛋清加入蛋黄中，再分别打散。
3. 蛋清中加1/2茶匙水，蛋黄中加2茶匙水，再各加少许盐，分别打匀，装入模子里，送进微波炉，用很低的火力转3~5分钟（根据自家火

力，中间多观察几次，见蛋液凝固即可）。
4. 平底锅烧热，倒入少许油，放入里脊肉片。
5. 大火将两面快速煎至变色，倒入照烧汁，小火烧至入味。
6. 甜椒切成细丝。
7. 取1片吐司，上放2片里脊，再铺上生菜和甜椒丝，盖上另1片吐司，即成照烧肉三明治。
8. 打好的枸杞三黑糊装杯中。三明治与微波蒸熟的蛋羹装盘。草莓装碟中。完成！

贴心小提示

1. 照烧汁是一种日式风味调味汁，在大型超市可以买到。
2. 新鲜的油麦菜生吃味道也很好，夹入汉堡中的效果不比生菜逊色。
3. 肉排入锅前油要热一些，不然容易脱粉。

西班牙煎蛋三明治套餐

主食 西班牙煎蛋三明治
配菜 土豆泥
其他 胡萝卜苹果汁

西班牙煎蛋三明治

原料：土豆泥50克，西蓝花80克，小洋葱1/2个，鸡蛋2个，牛奶1.5汤匙，淡奶小吐司每人3~4片
调料：盐1/2茶匙，沙拉酱、番茄沙司各适量

土豆泥

原料：大土豆1个，培根1片，小洋葱1/4个
调料：盐1/2茶匙，黑胡椒粉1/4茶匙，色拉油适量

胡萝卜苹果汁

原料：胡萝卜2根，大苹果2个

头天晚上准备

1. 洋葱去外皮，洗净（图1）。培根切碎。1/4个小洋葱切碎。土豆削皮，洗净，切成长条，煮10分钟左右至熟透，捞出。
2. 平底锅倒入适量色拉油（可以根据自己的喜好换成黄油），小火加热，倒入培根碎先煎炒一下，放入洋葱碎（图2）继续煸炒。
3. 放入煮熟的土豆条（图3）。
4. 边炒边压成泥（如果偏干，可以加入适量牛奶），炒至变得润且稠时调入盐和黑胡椒粉，炒匀即成土豆泥（图4），用保鲜膜包好，放入冰箱冷藏。
5. 胡萝卜和苹果分别洗净。西蓝花洗净，沥水。

次日早上完成

1. 取1/2个小洋葱切细丝。锅内烧开水，西蓝花掰成小朵，放入锅中焯烫1分钟，捞出放凉。鸡蛋磕入碗中打散，加入牛奶打匀，加入洋葱丝、西蓝花及50克炒好的土豆泥，加入盐，调匀。吐司送入烤箱，以150℃烤5分钟至温热。

2. 取略小的平底锅，烧至温热，淋少许油转匀，倒入混合蛋液摊开，盖上锅盖小火煎1分钟。

3. 同时将另一略大的平底锅烧至温热，锅底抹匀少许油。

4. 将大锅扣在煎蛋的小锅上。

5. 将两个锅快速翻转过来，蛋饼留在大锅里，继续小火煎另一面。

6. 煎好蛋饼后取出，放在案板上，切成与吐司相同大小的块。吐司片内侧抹沙拉酱，按一片吐司、一块蛋饼的顺序叠放，最后表面淋少许番茄沙司，装入盘中。

7. 胡萝卜切粗条，苹果去皮切大块。

8. 胡萝卜和苹果一同入榨汁机榨成混合果汁，装杯。完成！

贴心小提示

1. 这种煎蛋因为加了较多蔬菜而没有加面粉，翻动时容易碎，所以要使用特别的方法，就是步骤3~5的方法。若用电饼铛煎则不必翻面，操作更简单。

2. 对于不喜欢胡萝卜的孩子，苹果的分量要略多一些，打出来的汁不会有太浓重的胡萝卜味儿，口感也更好。

营养早参考

西班牙蛋饼三明治，以土豆泥、西蓝花、鸡蛋、牛奶等为原料制作，欧式风味，荤素搭配合理，营养全面。土豆的营养成分不可小觑，搭配上培根等食材制作的土豆泥，即使单吃，也是很赞的一款小食哦！再配上鲜榨的胡萝卜苹果汁，一顿营养丰富的西式早餐就OK了！

肉排小汉堡套餐

主食 肉排小汉堡+小蛋堡
汤粥 牛奶
水果 甜瓜

肉排小汉堡/小蛋堡

原料：薏米红豆餐包（做法见本书p.233）6个，里脊肉1/2条，油麦菜适量，鸡蛋3个
调料：料酒2茶匙，海盐1茶匙，现磨黑胡椒1/2茶匙，面粉、蛋液、面包糠各适量

头天晚上准备

1. 处理里脊肉（见本书P63"头天晚上准备"1）
2. 油麦菜和甜瓜分别洗净，沥水。

次日早上完成

1. 牛奶放入奶锅中加热。蛋液打散，与面粉、面包糠分别放入3个小盘里（图1）。
2. 平底锅烧热，倒入少许油烧热，将肉片依次裹面粉、蛋液、面包糠，放入热油锅里（图2），小火煎至两面金黄，取出沥油，一切为二。
3. 平底不粘锅倒少许油加热，打入鸡蛋，将底部煎至上色后滴入几滴水，盖上锅盖（图3），煎至蛋黄微硬。
4. 餐包横剖开（不切断），用烤箱150℃烤3分钟左右至温热，一份夹入肉排和莴苣叶，一份夹入煎蛋和莴苣叶。牛奶装杯。甜瓜切块。完成！

营养早参考

在家亲手制作的汉堡不会太油腻，既省钱又健康。夹肉和夹蛋的两种汉堡，碳水化合物、蛋白质供给充足，热量较高，再配以牛奶，能供给孩子生长发育所需要的大量蛋白质。最后再来几块甜瓜，清清爽爽、营养丰富的早餐就解决了。

PART 2
摆脱苦夏烦恼
夏季营养早餐（24套）
BAITUO KUXIA FANNAO
XIAJI YINGYANG ZAOCAN

夏季早餐 营养对策
Xiaji Zaocan Yingyang Duice

> 夏天，是一个挺让妈妈们发愁的季节，因为很多孩子会因为炎热而苦夏，食欲不振而消瘦，这个季节里就更加凸显早餐的重要性了。早晨会让人感觉清爽一些，相比起午餐和晚餐，这顿饭也会吃得舒服些。
>
> 夏天的营养早餐要具备以下四要素：

一 五谷杂粮

早餐宜软不宜硬，所以杂粮粥是上选，粥里可以加些莲子、红枣、山药、桂圆、薏米等。现在豆浆机普及率很高，您可以每天变着花样组合豆类和粗粮来制作五谷豆浆，既省事儿，又健康。

二 蔬菜

夏天新陈代谢加快，身体里的酸性物质沉积较多，而蔬菜是碱性的，多吃蔬菜能帮助我们达到体内的酸碱平衡，消除亚健康状况。可以适当给孩子吃些苦味的蔬菜，比如苦瓜、苦菊、芦笋等，选择简单的烹饪方式，比如清炒、凉拌等，既可清热泻火，又可健脾除湿。

三 高蛋白质食物

青少年的生长发育与饮食中的蛋白质的质和量都有很密切的关系。建议您选择奶制品、蛋制品，以及坚果、豆类、豆制品。

四 水果

水果不仅可以解腻，还可以补充多种维生素。给孩子吃的水果，要以当地盛产的当季水果为主，尽量少吃外地所产或反季节的水果。

芝麻蛋包套餐

主食 芝麻蛋包
汤粥 牛奶
其他 玉米+草莓

芝麻蛋包

原料：面粉100克，牛奶230克，鸡蛋2个，熟白芝麻20克，生菜3张，火腿2片，馒头、自制油条（做法见本书p.224）、榨菜各适量
调料：盐1/2茶匙

头天晚上准备

生菜洗净。草莓清洗干净，沥干水分，放入保鲜盒冷藏保存。

> 用摊好的蛋饼包上生菜、火腿、油条，一个整合了碳水化合物、蛋白质、脂肪和多种维生素的芝麻蛋包就OK了。草莓是炎炎夏日里的水果明星，酸酸甜甜，颜色艳丽，能增进孩子的食欲。再配一块甜糯玉米段，口感更加丰富，还兼顾了粗粮和细粮的搭配。
>
> ▶ ▶ ▶ ▶

营养早参考

次日早上完成

1. 牛奶倒入小奶锅中加热。煮玉米、馒头、油条入蒸锅中热好。牛奶倒入面粉中搅匀，放入打散的鸡蛋液打匀，放入芝麻，调入盐，打匀。找个尺寸大一些的平底锅，烧热，淋入少许油转开，倒入适量蛋液混合物，快速摊开，煎成两面上色均匀的薄饼。
2. 热好的馒头片切开，再切成长条。油条也切成长条状，火腿切成条。
3. 在摊开的蛋饼上铺上生菜叶、馒头、油条、火腿，撒上榨菜丝或榨菜碎。
4. 最后用蛋饼将所有材料包起来。
5. 蛋包、热好的玉米、草莓分别装盘。牛奶装杯。完成！

贴心小提示

1. 蛋饼摊得不要太厚，不然柔韧性差，容易裂开，也不好吃。

2. 包入的材料一定不要贪多，不然包不住且容易散。

3. 蛋皮调过味，又有油条、火腿和榨菜的综合味道，不需要再调味，口重的话可以在铺材前先在薄饼上刷点甜面酱。

红枣高粱粥套餐

主食	馒头
配菜	木耳炒紫甘蓝
汤粥	红枣高粱粥
其他	虾仁蛋羹+圣女果

木耳炒紫甘蓝

原料：紫甘蓝150克，泡发木耳75克

调料：盐1/2茶匙

红枣高粱粥

原料：红枣15个，高粱米150克

调料：冰糖2~3粒

虾仁蛋羹

原料：鸡蛋3个，凉开水100毫升，鲜虾3只

调料：盐1/2茶匙，香油少许

头天晚上准备

1. 高粱米和红枣一起淘洗干净，放进电压力锅中，加入水（高出米面2厘米），放入冰糖，预约定时煮粥。
2. 鲜虾洗净，煮熟。
3. 紫甘蓝洗净，控水。木耳泡发后洗净。圣女果洗净。

次日早上完成

1

馒头放入蒸锅或微波炉中加热。鸡蛋加盐打散，倒入凉开水，打匀。虾剥去壳，去虾线。

2

碗内壁刷香油。

3

倒入蛋液。

4

蒸锅内加水烧开，放入盛蛋液的碗，扣上小碟子。

5

小火蒸10分钟左右，至蛋液八成凝固，将虾仁插入蛋羹中心处，再略蒸后关火略闷，取出。

6

紫甘蓝和木耳都切成细丝。炒锅加少许油烧热，倒入紫甘蓝和木耳丝炒软，调入盐炒匀。盛出煮好的粥，热好的馒头。菜装盘，水果装盘。蛋羹端上桌。完成！

贴心小提示

蒸蛋羹时可以根据个人喜欢的口感调整加水量和蒸制时间：喜欢嫩的，就多加水，水量与蛋液量相等，中小火蒸；喜欢实一点的就少放些水，小火蒸，只要表面有多半蛋液凝固就可以撤掉小盖碟，后期要勤观察，注意别蒸老。

营养早参考

红枣高粱粥、馒头提供了大脑工作所需的葡萄糖，高粱粥中的红枣为粥增添了天然的甜度，还补充了丰富的维生素C、铁质等营养素。虾仁蛋羹低脂肪、高蛋白，能为孩子提供生长发育所必需的优质蛋白质、钙，保证孩子健康成长。紫甘蓝富含花青素、维生素E等，具有很强的抗氧化能力，能增强孩子抵抗力。圣女果既可算作蔬菜又可作为水果，可爱的外形和亮丽的色彩使它很受孩子欢迎。

▶▶▶▶

芹菜叶摊饼套餐

主食 芹菜叶摊饼

汤粥 玉米粒粥

水果 西瓜+橙子

芹菜叶摊饼

原料：芹菜叶80克，韭菜15克，火腿1片，面粉50克，牛奶100克，鸡蛋1个

调料：胡椒粉少许，生抽1/2茶匙，盐1/2茶匙，香油1/2茶匙

玉米粒粥

原料：大米100克，冷冻甜玉米粒50克

调料：冰糖4~5块

营养早参考

　　用很多人择芹菜时都会视为下脚料丢弃的芹菜叶做成芹菜叶饼，不仅保留了芹菜叶中的蛋白质、维生素等营养素，而且由于牛奶、鸡蛋的加入，使其营养价值更高。配上玉米粒粥这款美味的粗粮粥品，再来块西瓜或是一个橙子，补充一下果酸和维生素C，阳光一天便开始了！ ▶▶▶▶

头天晚上准备

1.大米淘洗干净，放入电压力锅中，加入甜玉米粒和冰糖，倒入水，选择预约方式煮粥。
2.芹菜叶洗净。韭菜择洗干净。

次日早上完成

1.芹菜叶洗净，入沸水锅中焯1分钟，捞出冲凉，挤掉水分，切碎。韭菜择洗干净，切碎。火腿切小丁。
2.将面粉和牛奶混合均匀，加入打散的鸡蛋，搅拌均匀。
3.在面糊中倒入芹菜叶碎、韭菜碎和火腿丁。
4.调入胡椒粉、生抽、盐和香油。
5.充分搅拌均匀。
6.平底锅中放少许油烧热，将油转开后倒入面糊，转匀成圆形，小火煎至两面上色均匀，取出切块，装盘。粥盛入碗里。橙子切块，西瓜切块，装盘。完成！

贴心小提示

　　芹菜叶的营养价值很高，还有败火的功效，买来的芹菜如果叶子鲜嫩，一定不要扔掉，用来做成菜饼，即使是不喜欢吃芹菜的孩子，都会喜欢的。

烙饼摊蛋卷饼套餐

主食 烙饼摊蛋卷饼
汤粥 黑米糊
水果 樱桃

烙饼摊蛋卷饼

原料：面粉100克，沸水75克，鸡蛋3个，小葱3根

调料：黄瓜丝、胡萝卜丝、生菜、煎鸡排肉（或其他熟肉）、甜面酱各适量

黑米糊

原料：黑米75克，鸡蛋1个
调料：冰糖3块

头天晚上准备

1. 黑米放入搅拌机打成细粉，多打几次，过筛后备用（图1）。
2. 将沸水冲入面粉中，快速搅匀，温度稍降后用手揉匀成烫面面团（图2）。刚开始是粗糙的面团，放一会儿再揉就光滑了。
3. 烫面面团晾凉后装入保鲜袋，放入冰箱冷藏。黄瓜、胡萝卜、樱桃分别洗净，装入保鲜袋，放入冰箱冷藏。

次日早上完成

1 将黑米粉和100克水混合均匀成生浆。

2 锅内倒入650克水煮沸，倒入黑米生浆，加入冰糖，再煮沸后转小火，不断搅动着煮5分钟左右。

3 至黑米糊开始变稠时将打散的蛋液淋入，搅动一下，关火。

4 鸡蛋打散，小葱切碎，混合均匀。

5 将烫面面团揉成长条，分切成约28克的剂子。

6 逐个擀开成薄薄的圆形面片。

7 平底锅烧热，将面片放入，中火烙约5秒钟至底面刚变色即可翻面。

8 翻面后转小火，在饼皮上倒上蛋液，用木铲轻轻摊平。

9 待蛋液刚凝固，再次翻面，稍微一烙即可出锅。

10 将烙好的饼刷上甜面酱，铺上生菜叶、黄瓜丝、胡萝卜丝和熟肉，卷起。

11 黑米糊装碗。卷好的饼装盘。完成！

贴心小提示

1. 黑米打成粉再煮粥，可以大幅缩短煮制的时间。最后淋入蛋液可以增加口感，也可以只淋入蛋清。

2. 烫面面团不能和得太软，否则不容易擀。饼要尽量擀薄些，烙出来才柔软好吃。

3. 烙饼所需时间很短，可以等所有的饼都烙好后再进行后面的卷饼操作。烙好的饼要盖好以保湿。

营养早参考

黑米含丰富的花青素、矿物质，能抗疲劳，加入了鸡蛋的黑米糊，营养素更容易被人体吸收利用。烙饼摊蛋卷饼中的黄瓜、胡萝卜、生菜清新爽口，能消暑解热，鸡排香气诱人，让孩子在夏天也能有好胃口。最后来一个樱桃，一顿色香味形俱佳的夏日早餐便完成了。▶ ▶ ▶ ▶

瓜丝虾仁软饼套餐

主食 瓜丝虾仁软饼
汤粥 巧克力牛奶
水果 桃子

瓜丝虾仁软饼

原料：鸡蛋2个，面粉70克，吊瓜200克，熟虾10只
调料：酵母1茶匙，盐1/2茶匙，胡椒粉少许

巧克力牛奶

原料：巧克力25克，牛奶250克

头天晚上准备

鸡蛋洗一下，磕入盆里，加入酵母。

用打蛋器搅打均匀。

再倒入面粉，搅匀，加盖后放入冰箱冷藏一夜。

4.虾蒸熟或煮熟。吊瓜洗净，去皮。桃子洗净，沥水。

次日早上完成

取出蛋糊，静置回温。吊瓜擦成细丝，加入蛋糊中。

调入盐和胡椒粉拌匀，静置10分钟。虾剥去壳，去虾线。

平底锅加入适量油烧热，用勺子挖取面糊，放入锅里摊成圆形。

盖上锅盖小火煎半分钟左右。

待表面半凝固时放上虾仁，稍加按压使其粘牢。

盖上锅盖略煎，轻轻翻面，再略煎，至两面金黄上色即可出锅。

牛奶倒入奶锅中加热。巧克力掰成小块儿，放入杯中。

少量多次加入热牛奶，边倒边搅使其均匀，直至搅成细腻的巧克力奶。

9.虾仁蛋饼盛盘中，蘸番茄沙司一起食用。桃子切块，装盘。完成！

贴心小提示

1. 巧克力中冲入热牛奶，刚开始一定要少量多次地加，搅匀一次再加下一次，这样才能搅出细滑的巧克力奶。

2. 蛋面糊中加入酵母，经过一夜的低温发酵，可以在受热后产生松软的效果。

营养早参考

孩子多钟爱甜食，巧克力牛奶便是为特别钟爱甜食的孩子们准备的，也能让那些不喜欢喝牛奶的孩子摄入奶中的蛋白质、钙质等。瓜丝虾仁软饼中的吊瓜性凉，能消暑解热；虾仁肉质软嫩，易消化。桃子性温，富含蛋白质、铁、钾，尤其适合需要补血的孩子食用。 ▶ ▶ ▶ ▶

糯米饭团套餐

主食 糯米饭团
汤粥 胡萝卜甜汤

糯米饭团

原料：糯米300克，火腿1片，生菜叶、辣白菜、榨菜各适量

胡萝卜甜汤

原料：蒸熟小胡萝卜2根，小米50克
调料：冰糖3块

**营养
早参考**

　　胡萝卜中的胡萝卜素在人体内能转变为维生素A，而维生素A是维持视力正常的重要营养素。小米性温，善补脾胃，尤其适合在夏季早晨食用。糯米性温，具有补益作用，将其同蔬菜做成饭团，圆润可爱的外形，会让孩子眼前一亮，食欲大增。

▶▶▶▶

头天晚上准备

糯米淘洗干净，提前浸泡10小时以上。

将泡好的糯米捞出放入碗中，电压力锅中装入适量水，放入1个小蒸架，上面摆放盛糯米的碗，选预约方式定时将糯米在第二天早上蒸熟。

胡萝卜去皮洗净，蒸至熟透。小米浸泡2个小时以上。将胡萝卜、小米连同浸泡的水一起倒入豆浆机中，打成细腻的米浆。生菜洗净，沥水。

次日早上完成

胡萝卜小米浆倒入锅中，补充足量的水煮开，加入冰糖，转小火煮10分钟左右。

取出蒸熟的糯米，火腿切条，辣白菜切碎，榨菜切碎。

案板上放一张大一些的保鲜膜，取适量糯米，摊平。

放上适量火腿、辣白菜、榨菜和生菜。

兜住保鲜膜包住，攥紧。

整理成条形饭团。胡萝卜甜汤盛入碗中。饭团装盘，吃的时候揭掉保鲜膜即可。

贴心小提示

1. 胡萝卜加小米的组合，有孩子小时候吃的婴儿辅食的味道，即便是不爱吃胡萝卜的小孩子也会爱喝这款甜浆的。

2. 制作糯米饭团时，糯米容易粘在勺子上，将勺子蘸白开水后再取糯米，就不会粘了。

煎饼果子套餐

主食 煎饼果子
汤粥 牛奶
水果 桃子

煎饼果子

原料：绿豆60克，小米20克，水225克，生菜、火腿、油条（或油饼、薄脆等）、小葱各适量，鸡蛋2~3个（此量约可做5张饼）

调料：甜面酱、腐乳各适量

营养早参考

　　可清热解毒的绿豆，搭配富含氨基酸的小米，制成的煎饼果子尤其适合夏季早晨食用。火腿、鸡蛋是一对好搭档，能提高蛋白质吸收利用率。桃子能补益气血，尤其适合身体瘦弱的孩子食用。

▶▶▶▶

头天晚上准备

将绿豆用搅拌机打成细粉，倒入大碗里。

将小米用搅拌机打成细粉，倒入同一个大碗里。

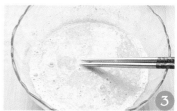

碗中倒入水，将绿豆粉和小米粉充分混匀，盖好，放进冰箱冷藏一夜使其更好地融合。生菜、小葱、桃子分别洗净。

次日早上完成

牛奶热好。将绿豆粉浆过滤，滤网上的渣挤干水分后扔掉不要（也可加些面粉摊饼）。

小葱切细葱花。火腿切丝。甜面酱和腐乳碾匀。油条或油饼放入烤箱烤至表面酥脆。鸡蛋打在碗里，大体搅碎。

小火加热平底不粘锅，温热时抬起锅，倒入粉浆，一次倒入的量以转开后刚刚可以铺满锅底为宜，转动锅底小火加热。

待饼底可以剥离锅底时，轻轻翻面，在饼皮表面倒入适量蛋液，用木铲将其均匀在饼皮上铲散摊开，撒上小葱花。

待蛋液略凝固时再翻面，刷上酱，放上油条、生菜和火腿丝，卷起即可。

煎饼果子、桃子分别装盘，牛奶装杯，上桌即可。

贴心小提示

1. 如果嫌磨粉太麻烦，可以购买现成的绿豆粉和小米面。

2. 饼皮一定要摊得很薄才香脆好吃，厚了口感非常不好。除了多练习外，一款好用的不粘锅也可以让你事半功倍。

3. 生浆下锅时锅子一定不能太热，否则摊不开。第一张做完后要等锅子离火降温后再做第二张。为了节约时间，我会直接用水冲洗一下锅子，快速降温。

 糖三角套餐

主食 糖三角
配菜 麻汁豇豆+咸鸭蛋
汤粥 薏米黄豆浆
水果 杏子

糖三角

原料：面粉200克，牛奶132克，酵母2克，红糖50克，面粉1/2汤匙

薏米黄豆浆

原料：黄豆2/3杯，薏米1/5杯

麻汁豇豆

原料：豇豆200克
调料：芝麻酱2汤匙，醋1茶匙，味极鲜酱油2茶匙，盐1/2茶匙，香油1/2茶匙

 营养早参考

　　薏米可祛湿利水，将其与黄豆制成薏米豆浆，尤其适合湿热的夏季饮用。糖三角是传统中式面点，香甜松软，非常可口。麻汁豇豆是一道开胃小菜，含丰富的钙、不饱和脂肪酸、维生素等。咸鸭蛋可滋阴清热，含丰富的蛋白质、钙等，尤其适合在夏季食用。配上甜杏，就是一份养眼又养胃的中式早餐！

头天晚上准备

1. 牛奶和酵母混匀，倒入面粉再次混匀，揉成光滑柔软的面团，发酵至原体积2倍大。
2. 红糖和1/2汤匙面粉混合均匀成内馅。
3. 取出发好的面团，再充分揉匀排气，分成4等份。取一份面团，揉圆后拍扁，用擀面杖稍擀开，放上红糖馅儿（图1）。
4. 对折后右手先由一端捏至约1/2处（图2），左手将另一端提上来捏合（图3），再将两侧捏紧，稍加整理（图4）。
5. 都做完后覆盖保鲜膜，醒发20分钟，放入烧开水的蒸锅中，大火蒸14分钟即可。
6. 黄豆洗净，用清水浸泡。薏米洗净，在另1个容器里浸泡（图5）。
7. 豇豆洗净，撕去筋。杏子洗净。

次日早上完成

1. 泡黄豆的水倒掉不要，黄豆再次清洗后倒入全自动豆浆机中，薏米连同浸泡的水也一起倒入，补充水分到刻度线，接通电源，按下"五谷豆浆"键开始工作。糖三角和咸鸭蛋入蒸锅热好。
2. 锅里加水烧开，放入豇豆，焯煮约3分钟（图1），捞出过凉水后沥掉水分。
3. 芝麻酱放入小碗里，加2茶匙白开水，顺1个方向轻轻搅开搅匀，调入醋、酱油、盐、香油，调匀成麻汁儿（图2）。
4. 豇豆切成段，淋上麻汁儿（图3），吃时拌匀即可。
5. 打好的豆浆装杯。糖三角装盘。咸鸭蛋对切开，装碟中。完成！

贴心小提示

　　1. 焯煮豇豆需根据皮厚薄、质地软硬来确定所需时间，既要熟透，又不要煮太久，否则会太软烂口感不好。
　　2. 麻汁不要调得太稀，否则挂不住菜，味道寡淡。

菜肉汤面套餐

主食 菜肉汤面
配菜 炒蛋
汤粥 薏米红豆水
水果 猕猴桃

菜肉汤面

原料：西红柿1个，卷心菜100克，泡发木耳75克，猪五花肉（或里脊肉）50克，挂面120克
调料：葱花、姜丝各适量，料酒2茶匙，生抽2茶匙，盐2茶匙，香油少许

炒蛋

原料：鸡蛋3个
调料：盐1/2茶匙

薏米红豆水

原料：薏米50克，红豆50克

营养早参考

炎炎夏日，体液消耗较多，这时候来一碗汤面，不仅蔬菜、肉皆备，营养合理，还能补水，且不容易让热量超标。炒蛋是再简单不过的家常菜，非常下饭。薏米红豆水能祛湿利水，尤其适合湿热的夏季饮用。猕猴桃是人见人爱的美味，富含果酸、维生素C等，能清暑热、抗疲劳，所以早餐后别忘了来一个哦！

▶▶▶▶

头天晚上准备

1. 薏米、红豆分别洗净（无需浸泡），放入锅中，倒入足量的水，开火煮至水沸后关火，闷约1小时至锅子凉下来，再开火，煮至锅中水再次沸腾，关火闷一夜。
2. 西红柿、卷心菜分别洗净，沥水。木耳泡发后洗净。

次日早上完成

1 放薏米和红豆的锅再次开火煮沸，关火静置放凉。

2 西红柿去皮，切块。卷心菜、木耳、猪肉分别切丝。

3 炒锅放油烧热，下入肉丝炒至变色，下葱花、姜丝炒匀，淋入料酒、生抽，炒至肉丝上色。

4 倒入菜丝和木耳丝，翻炒均匀。

5 倒入足量的水。

6 将水再次烧开，下入挂面、西红柿块，调入盐，大火烧开，转中火煮。

7 煮至挂面熟透、汤变稠，关火，淋入少许香油拌匀。

8 鸡蛋充分打散，调入盐。另起锅，油热后下蛋液大火快炒，炒至刚熟即关火盛出。

9. 薏米红豆水装杯。面条盛碗。炒蛋装盘。猕猴桃削皮，切块，装盘。完成！

贴心小提示

　　1. 薏米红豆水是老少皆宜的一款汤水，可以祛湿健脾，呵护全家人的身体。这种三煮三闷的方法，既可以省火，又很合理地安排了时间，早餐时刚好可以喝到温热的汤水。
　　2. 剩下的红豆和薏米，可以在午餐或晚餐时加热后拌入红糖吃。但红豆吃多了易引起胀气，所以注意一次不要吃太多。

鸡蛋薄饼套餐

主食	鸡蛋薄饼
配菜	凉拌黄瓜条
汤粥	牛奶
水果	葡萄

鸡蛋薄饼

原料：鸡蛋2个，面粉120克，水125克，牛奶170克，小葱1根

调料：盐1/2茶匙，芝麻1汤匙，番茄沙司适量

凉拌黄瓜条

原料：黄瓜1根

调料：盐1茶匙，自制红油（原料：韩式辣椒粉2汤匙，盐1/2茶匙，熟白芝麻2茶匙，油6汤匙）2茶匙，香油少许

头天晚上准备

1. 自制红油：将辣椒粉、盐和白芝麻混匀。
2. 油倒入炒勺中，小火加热至微微冒青烟，勺底油纹漫开，关火。
3. 待油温降至五六成热时，边搅拌辣椒粉，边浇入热油，此时可以看到沸起的油花，但不会将辣椒粉炸煳。

次日早上完成

1.将牛奶热上。面粉中加入水和牛奶调成稀糊。

2.加入搅开的鸡蛋液，充分打匀。

3.放入切碎的小葱，调入盐和芝麻，搅匀。

4.此时面糊的流动性很强，稍微静置几分钟。

5.黄瓜切成粗细均匀的条。

6.撒入盐拌匀，腌制10分钟入味。

7.平底锅烧至温热，锅底抹少许油，离火，将面糊淋入锅中。

8.同时转动锅子使面糊迅速流动摊开成薄薄一层。

如果面糊转动速度慢，说明面糊太稠，剩下的面糊需要加水调稀。

9.平底锅放回火上，中小火煎至底面上色后翻面。

10.两面都煎上均匀小"麻点"后，将饼折叠，出锅。

11.盐渍好的黄瓜条倒掉水分，加入红油和香油，拌匀。

12.蛋饼装盘，搭配番茄沙司食用。黄瓜装盘。牛奶装杯。葡萄装盘。完成！

营养早参考

　　牛奶和鸡蛋永远是早餐的两大主题，如何将它们做出花样，使孩子吃着不烦，则是考验妈妈的一个小难题。这款鸡蛋薄饼使用面粉、牛奶、鸡蛋，采用了简单的做法，省时省力，营养却也一分不少。在酷热的夏季，一份凉拌黄瓜条能给孩子带来一分清爽。夏末时葡萄上市了，汁甜味美的葡萄能提供大量果酸、维生素C、花青素哦！

▶▶▶▶

贴心小提示

　　1. 韩式辣椒粉制作出来的辣椒油，色红、味香而不辣。在韩国食品店或网店可以买到韩式辣椒粉。

　　2. 辣椒油要提前做好，静置一夜后味道更香。

　　3. 这款早餐鸡蛋薄饼的特点是柔软、薄，用筷子可以轻易抖开。制作关键是要掌握面糊的稀稠度和摊煎的方法。

香茄蛋饼套餐

主食 香茄蛋饼
其他 蜜桃奶昔

香茄蛋饼

原料：茄子2根，鸡蛋3个，小葱1根，面粉75克，牛奶150克
调料：胡椒粉1/4茶匙，盐1/2茶匙

蜜桃奶昔

原料：水蜜桃1个，自制酸奶200毫升
调料：蜂蜜1汤匙

营养早参考

　　酸奶含有大量的有益乳酸菌，能帮助调节肠道菌群，预防便秘，酸奶中的蛋白质、钙则极易被人体吸收，而蜜桃的加入使营养更丰富。以鸡蛋、牛奶、茄子制成的蛋饼，搭配新颖且诱人食欲。

▶ ▶ ▶ ▶

头天晚上准备

1. 鸡蛋打散。面粉和牛奶先混合均匀（图1）。
2. 再倒入蛋液搅匀，若能过滤一下会更细腻（图2）。将蛋糊冷藏过夜。
3. 茄子洗净。桃子洗净。

次日早上完成

茄子洗净去蒂，切成薄片，撒入1/4茶匙盐拌匀，腌5分钟。

小葱切碎，加入蛋糊中，调入胡椒粉和1/4茶匙盐，拌匀。

平底锅烧热，放入茄子片，淋入适量油，快速转锅将每片茄子都沾上热油。

然后快速翻面，让另一面也沾上点儿油，小火煎至茄子两面都呈金黄色。

淋入蛋糊液，轻轻转开成薄薄一层。

中火煎至底面金黄，翻面，再煎至底面金黄即可出锅。

将蜜桃去皮，切块，放入搅拌机，倒入酸奶，调入蜂蜜，打匀即成奶昔。

奶昔装杯中，茄饼装盘，一同上桌即可。

贴心小提示

1. 茄子要选择质地偏软的，比如面包茄子。茄子片切得要薄些，否则最后很容易与蛋饼脱离开。

2. 茄子吸油很快，如果锅里先热油再放茄子片，那么先放的几片茄子很快就会把油都吸掉，所以要先放茄子再下油。一开始茄子会比较吸油，不一会儿就会"吐"些油出来，煎两面都够了。

3. 每次倒蛋糊液都不要过多，能转开锅底就可以，煎好的蛋饼才又软又好吃。

餐包牙签肉套餐

主食 紫薯餐包
配菜 牙签肉+青菜虾皮蛋羹
汤粥 莲藕枸杞糖水
水果 樱桃

紫薯餐包 做法见本书p.53

牙签肉

原料：梅花肉80克
调料：盐1/2茶匙，烧烤料、韩国辣酱各适量

青菜虾皮蛋羹

原料：小油菜100克，虾皮15克，鸡蛋3个
调料：盐1/2茶匙，香油适量

莲藕枸杞糖水

原料：藕1小节，枸杞30粒
调料：冰糖2~3块

头天晚上准备

1.梅花肉切片，用盐抓匀，放入冰箱冷藏过夜。
2.莲藕洗净。小油菜洗净，沥水。樱桃洗净。
3.做好紫薯餐包。

次日早上完成

1.莲藕削去皮，切成薄片（图1），用清水冲洗两遍，放入锅里。
2.再放入洗净的枸杞，倒入足量的水（图2），加入冰糖，大火烧开后转小火煮15分钟成糖水。
3.鸡蛋打散，加入凉开水打匀（图3）。
4.小油菜切碎，虾皮切碎，一起加入蛋液中，再次打匀（图4）。
5.蒸碗内壁和底部抹上香油，将混合蛋液倒入3个小碗里（图5），将碗放入大火烧开的蒸锅中，盖上小碟子，转小火蒸7~8分钟，至摇动蒸碗时表面不晃动即可。
6.梅花肉片用牙签穿好，辣酱用少许水调开，装碟中。烧烤料装碟中（图6）。
7.平底锅烧热适量油，转小火，将牙签肉摆入锅中（图7）。
8.快速煎至肉串两面都变色，两面刷辣酱，撒烧烤料，再略煎即出锅（图8）。
9.莲藕枸杞糖水装杯。餐包（喜欢热的可以用烤箱热一下）和牙签肉装盘。蒸蛋上桌。樱桃装盘。完成！

营养早参考

莲藕性凉，与枸杞搭配，能滋阴清热、益肝明目。餐包作为主食，提供丰富的碳水化合物，香软适口。青菜与虾皮、鸡蛋搭配，青菜中的维生素C能促进虾皮中的钙、铁的吸收。梅花肉香嫩不油腻，最后配上樱桃，光是看一看，就令人食指大动了。▶▶▶▶

贴心小提示

梅花肉又称前槽肉、一号肉，肥瘦相间，煎着吃口感很嫩。如果是里脊肉，最好用盐抓匀后用淀粉抓匀，然后再煎。

紫菜包饭套餐

主食	紫菜包饭
汤粥	虾皮紫菜豆腐汤
其他	酸奶拌水果

紫菜包饭（3~4人份）

原料：寿司紫菜3~4张，米饭1小碗/份，鸡蛋3个，火腿2片，黄瓜1/2根

调料：盐1/2茶匙

虾皮紫菜豆腐汤

原料：虾皮1茶匙，紫菜适量，内酯豆腐50克

调料：盐1/4茶匙，味极鲜酱油1茶匙，胡椒粉适量，香菜少许，高汤（鸡汤或骨汤都可）250毫升

酸奶拌水果

原料：酸奶每人150毫升，香蕉、火龙果各适量

头天晚上准备

1. 大米淘洗干净，按平常煮米饭的方法（水可略微少一些）放入电饭煲中，选择预约方式，比早起时间提前半小时煮熟。（如果没有带预约功能的电压力锅或电饭煲，可以用隔夜的熟米饭，第二天早上热一热）

2. 黄瓜和香菜分别洗干净，沥水。

营养早参考

汤菜既能养胃又可帮助控制食量。虾皮紫菜豆腐汤含丰富的蛋白质、钙质、碘等营养素，还能补充水分。紫菜包饭是一款日式风情主食，多数孩子会喜欢。酸奶与水果相伴，可谓营养与美味兼得。

次日早上完成

将熟米饭取出，用铲子铲散，放置散散热气。内酯豆腐用小刀先划成小格子块。

用勺子将豆腐块放入碗里，再加入紫菜、虾皮、香菜碎、盐、味极鲜酱油、胡椒粉。高汤倒入小锅中，加热。

鸡蛋打散，加盐调味，打匀。平底锅中倒入少许油，小火烧热，倒入蛋液。

在底部定型前用筷子快速搅几下，使上面的蛋液渗下去，待底部定型后，将蛋饼折叠起来。

再小火煎至熟透，出锅稍放凉。

取出蛋烧，切成长条。

黄瓜和火腿切成粗细相同的长条状。

寿司帘上先铺紫菜，再铺一层米饭，留出尾段不铺，在开始端铺上蛋烧、火腿和黄瓜。

从开始端兜起寿司帘将其紧紧卷起。

边卷边将寿司帘的前部分撤出，最后把住两端再向内收紧固型，用利刀切成小段，装盘。

烧沸的高汤冲入第2步备好的碗里，轻拌匀。香蕉和火龙果分别去皮，切小块，倒入杯或小碗里，倒入酸奶拌开。

香蕉和火龙果分别去皮，切小块，倒入杯或小碗里，倒入酸奶拌开。完成！

贴心小提示

1. 切紫菜包饭或寿司时要用锋利的刀，刀要边蘸水边切，才能切得既快又好，还不粘刀。

2. 虾皮紫菜汤最好用高汤来做，味道非常好。如果没有，也可以换成沸水，最后加几滴香油增加香气和油星儿。

格子松饼套餐

主食 格子松饼+巧克力奶油蛋糕
汤粥 薏米绿豆浆
水果 芒果

格子松饼

原料：低筋面粉90克，无铝泡打粉1茶匙，牛奶78克，鸡蛋2个，菠菜100克，培根2片

调料：盐1/4茶匙，黑胡椒少许，橄榄油1汤匙，番茄沙司适量

巧克力奶油蛋糕 做法见本书p.236

薏米绿豆浆

主料：薏米、绿豆、熟黑芝麻各1/4杯，枸杞20粒，焙熟的核桃仁3个

营养早参考

　　薏米、绿豆祛湿利水，是很好的夏日解暑食材，对减脂也有一定帮助。孩子吃腻了米饭，就试试这款格子松饼吧，牛奶、鸡蛋、肉、蔬菜一样不少，营养打高分。巧克力奶油蛋糕富含糖分，宜适量食用。芒果富含胡萝卜素、维生素C，有益视力，而且在盛夏吃点芒果，能生津止渴，消暑舒神。

头天晚上准备

1. 巧克力奶油蛋糕提前做好。薏米和枸杞淘洗干净，放入小碗里用水浸泡一夜。绿豆洗净，另加水浸泡一夜。核桃剥壳取仁，用烤箱烤熟，凉透后密封保存。
2. 低筋面粉和泡打粉混匀，倒入牛奶搅匀，再打入鸡蛋（图1），打匀（图2），覆盖保鲜膜，放入冰箱冷藏保存。菠菜择洗干净，沥水。

次日早上完成

1. 将薏米和枸杞连同浸泡的水一起倒入豆浆机中。泡绿豆的水倒掉不要，将绿豆再洗净，也倒入豆浆机中。将核桃仁掰成小碎粒放入，再放入黑芝麻，补充水到刻度线，接通电源，按下"五谷豆浆"键，开始工作。
2. 小锅烧开足量的水，放入菠菜，焯烫1分钟（图1），捞出冲凉后挤干水分。
3. 锅烧热，不放油，放入培根，小火煸至出油且两面微焦黄（图2），取出。
4. 将菠菜和培根切碎末（图3）。
5. 加入面糊中（图4）。
6. 调入盐、黑胡椒和橄榄油，拌匀（图5）。
7. 将华夫饼模先放在火上两面烤一下，打开模子，舀适量面糊倒在格子里（图6）。
8. 合上模子（图7），小火烤制，中间要翻面，直至饼双面金黄、可轻易脱模。依次做完所有面糊，吃时可搭配番茄沙司。
9. 豆浆装杯。蛋糕切块装盘。松饼装盘。番茄沙司装小碟中，摆在旁边。芒果洗净表皮，顺核片开，在果肉上切花刀，双手扶住两头，从背部将中间部分向上顶一下，摆在旁边（图8）。

贴心小提示

如果没有华夫饼模，也可以用平底锅制作松饼：锅烧热，倒入少许油，用硅胶刷在锅底刷匀，舀一勺生面糊，在锅上方垂直将面糊滴落，自然摊成圆形（图1），小火煎至面饼鼓起、两面上色金黄即可（图2）。

 桑葚松饼套餐

主食　桑葚松饼
配菜　牛奶炒蛋
汤粥　绿豆汁
水果　樱桃

桑葚松饼

原料：低筋面粉180克，新鲜桑葚500克，进口无铝泡打粉1.5茶匙，鸡蛋3个，牛奶142克
调料：盐少许，白糖20克，柠檬1个，白砂糖100克，黄油20克

牛奶炒蛋

原料：鸡蛋3个，牛奶50毫升
调料：盐1/2茶匙

绿豆汁

原料：绿豆3/5杯

头天晚上准备

1. 桑葚洗净，逐个去蒂，放在锅里，撒20克白糖（图1）拌匀，腌2小时左右。
2. 柠檬洗净，榨汁（图2）。
3. 放桑葚的锅上火，加入200克水，大火煮开，倒入柠檬汁（图3），再次煮开。
4. 转成小火，盖上盖子，慢慢熬煮40~60分钟（图4），将汤汁收稠，但不要收干（放凉后会比刚煮好时要稠一些），关火。放凉后装入密封瓶中，冷藏保存。
5. 绿豆洗净，浸泡一夜。樱桃洗净，沥水。

次日早上完成

1. 泡好的绿豆沥水，倒入全自动豆浆机中，加入水到刻度线，选"绿豆汁"功能开始工作。
2. 松饼原料中的低筋面粉、白砂糖、泡打粉和盐混合均匀。鸡蛋打散，加入牛奶和融化的黄油打匀（图1）。
3. 图1中两种混合物再次混合，搅拌均匀（图2），静置10分钟。
4. 华夫饼模先在火上两面预热好，2个饼槽分别舀入适量松饼面糊（图3）。
5. 扣上上盖，中小火煎（图4），中间不断挪动受热点并翻动饼模，煎至两面都上色均匀可以轻易脱模即可。
6. 将炒蛋用的鸡蛋打散，倒入牛奶，调入盐，充分打匀。炒锅放油烧热，转小火，倒入蛋奶液，小火慢炒熟，盛出。
7. 煮好的绿豆汁装杯。松饼抹上桑葚果酱，装盘。炒蛋装盘。樱桃点缀盘边。完成！

贴心小提示

煎松饼时火候不要太小，不然时间太长松饼容易变硬（若您喜欢吃脆而硬的松饼，可以小火慢煎，时间略长）。

营养早参考

绿豆汁清热解暑，炎炎夏日里来上一杯会令人浑身舒爽。用自制的桑葚酱DIY的桑葚松饼，不含铝成分，健康、营养，让孩子吃得开怀，让父母也更放心。牛奶炒蛋，奶香跟蛋香融汇，不同蛋白质搭配，更易吸收，营养也随之加分。最后来几颗鲜樱桃，补充维生素和铁质。

▶ ▶ ▶ ▶

香草薄饼套餐

主食 香草薄饼
配菜 蔬菜沙拉
汤粥 蛋花玉米甜羹

香草薄饼

原料：高筋面粉140克
调料：酵母1茶匙，白糖1茶匙，
盐1/2茶匙，橄榄油、意式干香
草碎各适量

蔬菜沙拉

原料：菜花100克，圣女果100
克，油麦菜50克
调料：味极鲜酱油1汤匙，寿司
醋（普通醋亦可）1/2汤匙，白
糖1/2汤匙，香油少许

蛋花玉米甜羹

原料：糯玉米楂60克，鸡蛋2个
调料：白糖30克

头天晚上准备

1. 酵母溶于95克温水中搅匀。高筋面粉、白糖、
   盐混合均匀，倒入酵母水（图1）。
2. 搅匀并揉成面团，加入1茶匙橄榄油（图2）。
3. 将油一点一点揉入面团中，直至揉成1个光滑柔
   软的面团（图3）。
4. 发酵至2倍大，用手按压使其排气，重新滚圆
   （图4），覆盖保鲜膜，放入冰箱冷藏室。
5. 玉米楂淘洗干净，放进电压力锅中，倒入足量
   的水，选择预约煮粥。
6. 菜花、圣女果、油麦菜分别洗净，沥水。

次日早上完成

取出冰箱里的面团，静置回温。锅里放水烧开，加入1勺盐，放入掰成小朵的菜花，焯烫1.5分钟，捞出，控水后装进沙拉碗里。

烤箱预热至220℃，将烤盘放入烤箱中层。取出面团，先均匀压扁排气。

再将面团竖立，双手旋转面团，将其抻成均匀的薄饼。

摊在高温油布（或锡纸、油纸均可）上，再用手抻拉使其更薄更均匀。

薄饼表面刷橄榄油。

撒上些许干香草碎，抬起高温布，将薄饼送入预热好的烤箱中层烤盘上，烤6~7分钟至表面上色、按压有弹性即可取出，切三角块，装盘。

玉米糁粥倒入锅里，放入30克白糖，边搅拌边加热。

煮开后淋入打散的蛋液，搅拌成蛋花，马上关火，盛入碗中。

圣女果一切两半，油麦菜撕碎，和菜花一起放在沙拉碗里。酱油、醋、白糖和香油搅匀，浇入菜里拌匀即可。

营养早参考

酷暑季节，孩子会经常没有食欲，这时千万不要强迫他进餐，以免孩子产生厌食情绪。可以尝试做一些清淡且诱人食欲的饮食，如本套早餐。蛋花玉米甜羹易消化；香草薄饼类似传统酥油饼，却带一股意式香草味，诱人食欲；蔬菜沙拉是亮点，能增进肠道蠕动，帮助排毒。

 桂花圆子甜汤套餐

汤粥 桂花圆子甜汤

配菜 煎蛋生菜沙拉

桂花圆子甜汤

原料：糯米粉100克，干红枣20颗

调料：冰糖3~4粒，糖桂花3汤匙，干桂花少许

煎蛋生菜沙拉

原料：鸡蛋每人2个，生菜适量

调料：沙拉酱适量

头天晚上准备

1. 糯米粉中冲入85克60℃的温水，搅匀后揉成软硬适中的粉团（图1），覆盖保鲜膜松弛20分钟。
2. 取出糯米粉团，分成4份（图2），轻轻搓揉成长条，切成小剂子（图3）。暂时不用的要覆盖保鲜膜防止风干。

3. 将小剂子逐个轻轻搓揉成小球（图4）。搓揉中如果粉团易碎，可以点少许水再轻轻搓圆。全部搓好后覆盖保鲜膜过夜。
4. 干红枣洗净，泡发。生菜洗净，沥水。

次日早上完成

1. 煮锅里倒入足量的水，放进红枣煮开（图1）。
2. 小火煮约10分钟至红枣鼓胀，转大火，倒入糯米圆子，加冰糖，煮至圆子全部浮起（图2），用筷子夹一下，感觉软软的说明已经熟了。
3. 倒入糖桂花，关火，搅匀。
4. 不粘平底锅倒少许油加热，打入鸡蛋，底部煎上色后滴几滴水，盖上盖子，煎至蛋黄微硬。
5. 圆子汤盛入碗中，撒少许干桂花搅匀。煎蛋装盘，生菜切细丝放在煎蛋上，上面再挤上沙拉酱即可（图3）。

贴心小提示

1. 空闲的时候可以多搓一些小圆子，冷冻起来，早上现煮很方便。
2. 糯米粉的质量决定了小圆子的口感，如果掺了别的粉，口感就不会太好。最好选择放心品牌的糯米粉。
3. 干桂花只是点缀，可以不用。糖桂花如果没有，也可以不用，多放几颗冰糖调味即可，只是少了桂花的香甜味道。

营养早参考

夏末秋初之际，早晨的天气有了些凉意，此时的早餐可以适当多补充一些热量。桂花圆子甜汤主要提供丰富的碳水化合物，而且糯米有温暖脾胃、补中益气的作用。鸡蛋油煎后香气浓郁，配上生菜沙拉吃，还可以解其油腻。整套餐热量适中，操作简单。

▶▶▶▶

 番茄蘑菇肉酱蛋堡套餐

主食 番茄蘑菇肉酱蛋堡
其他 蜜柚汁+牛奶

番茄蘑菇肉酱蛋堡

原料：猪绞肉100克，小西红柿2个，洋葱1/2个，杏鲍菇75克，薏米红豆餐包（做法见本书p.233）6个，鸡蛋3个
调料：料酒2茶匙，酱油1茶匙，盐1/2茶匙，白糖1茶匙，现磨黑胡椒粉1/4茶匙

蜜柚汁

原料：红蜜柚1个

营养
早参考

番茄蘑菇肉酱蛋堡，既有西式汉堡风味，又有中式肉夹馍之神韵，是一款制作并不麻烦，且富含碳水化合物、蛋白质、维生素、膳食纤维等营养素的主食。如果孩子赶时间，带到学校去吃也未尝不可。搭配蜜柚汁跟牛奶，营养均衡又全面！

▶▶▶▶

头天晚上准备

1. 西红柿、洋葱、杏鲍菇分别洗净，沥水。
2. 提前做好薏米红豆餐包。若没有条件自制，可以到面包店购买现成的。

次日早上完成

1. 牛奶倒入奶锅中加热。西红柿切成小丁。洋葱切碎。杏鲍菇切碎粒。
2. 炒锅放油烧热，下洋葱碎，小火慢慢煸炒至洋葱透明，放入猪绞肉，大火炒散（图1）。
3. 炒至肉末变色后加酒和酱油，炒至上色均匀、肉粒干爽，倒入杏鲍菇粒（图2）。
4. 炒软后倒入西红柿丁（图3）。
5. 加白糖、盐、黑胡椒粉，炒成糊状，盖上盖子转成小火焖煮（图4）。
6. 另一火上放小锅烧开水，放入洗净的鸡蛋，转小火煮9分钟，关火后马上取出，投入凉水里浸3分钟，取出剥壳。
7. 见炒锅里的酱汁收干时关火，稍放凉（图6）。
8. 小面包从顶部下刀剖开，两头和底部都不要切到底，送进烤箱150℃烤5分钟至温热，取出。
9. 将水煮蛋切成小丁，和炒好的酱一起塞入面包夹层中。蜜柚去皮，剥除白膜，掰成小块，投入榨汁机中榨出鲜汁。牛奶装入杯中。完成（图6）！

1
2
3
4
5
6

贴心小提示

夏天的西红柿味道很正，甜度高，用来煮酱汁味道很好。如果是冬天，西红柿酸度会较高，最好加些番茄酱调味儿。

![sun icon] 芦笋吐司小披萨套餐

芦笋吐司小披萨

原料：芦笋2根，甜玉米粒20克，火腿1~2片，吐司3片

调料：沙拉酱或番茄酱适量，橄榄油适量，马苏里拉奶酪碎50克

绿豆枸杞黑芝麻浆

原料：绿豆1/3杯，枸杞1/3杯，熟黑芝麻1/3杯

水煎蛋

原料：鸡蛋3个

调料：蜂蜜适量

营养
早参考

绿豆枸杞黑芝麻浆混合了三种食材，具有一定的滋阴养肾、益肝明目等作用，还能补充夜间流失的水分。芦笋吐司小披萨色彩缤纷，芦笋能提高人体抵抗力，奶酪富含蛋白质、钙质、有益菌，对孩子发育很有益处。配上煎蛋、橙子，孩子一上午的旺盛精力便能充分保证了。 ▶▶▶▶

头天晚上准备

1. 绿豆、枸杞分别洗净，各自加水浸泡一夜。
2. 芦笋洗净，沥水。
3. 冷冻甜玉米粒和马苏里拉奶酪碎从冷冻室取出，放入冷藏室化冻。

次日早上完成

1. 绿豆再次洗净，装入豆浆机中，将枸杞连同浸泡的水一起倒入，再倒入黑芝麻，补充水到刻度线，选择"米糊"功能，开始工作。
2. 芦笋斜切成片，火腿切小丁（图1）。
3. 吐司片摆在铺好锡纸的烤盘上，表面抹一层沙拉酱（或番茄酱，或两者混合酱均可。图2）。
4. 上面铺一层芦笋片，芦笋表面刷少许橄榄油，再铺上一层火腿粒和玉米粒（图3）。
5. 最后撒上一层马苏里拉奶酪碎（图4）。烤箱预热至200℃，烤盘放入烤箱上层，200℃烤5~6分钟。
6. 平底不粘锅倒入适量油烧热，打入鸡蛋（图5）略煎，淋入适量水，盖上锅盖，待水收干时关火出锅。
7. 豆浆装杯，吐司披萨取出装盘。煎蛋装盘，在表面淋上些蜂蜜。夏橙洗净表皮，切片装盘。完成（图6）！

贴心小提示

水煎蛋比普通煎蛋省油、易熟，吃着还不上火，特别适合孩子食用。淋入水的量，可根据自己喜欢的蛋黄软嫩度来调整，多试几次便能心中有数。

　　又看到牛奶跟麦片这对"黄金搭档"了，牛奶中的优质蛋白质同麦片中的丰富碳水化合物、膳食纤维搭配，使蛋白质能更好地被吸收利用。西蓝花香肠蛋嵌吐司、果酱吐司，通过对吐司巧妙利用，用一种吐司做出了两款营养美味小食，妙趣横生，孩子的食欲便被勾起来了。整款套餐营养丰富而均衡，且简单易操作。

▶▶▶▶

西蓝花香肠
蛋嵌吐司套餐

主食 西蓝花香肠蛋嵌吐司+果酱吐司
汤粥 麦片牛奶
水果 樱桃

西蓝花香肠蛋嵌吐司

原料：西蓝花50克，香肠1小根，鸡蛋2个，吐司3片

调料：盐1/2茶匙

果酱吐司

原料：吐司边角（做西蓝花香肠蛋嵌吐司时剩余的吐司边角料即可）、自制果酱各适量

麦片牛奶

原料：牛奶每人250毫升，脆谷乐麦片适量

头天晚上准备

西蓝花和樱桃分别清洗干净，沥水。

次日早上完成

1. 牛奶热好。用模子在吐司上扣出形状，抠下的吐司留用（图1）。
2. 西蓝花和香肠切碎，加入打散的蛋液里，调入盐打匀（图2）。
3. 平底锅抹少许油，将吐司片放入，用最小火加热，在空洞里倒满蛋液（图3）。
4. 盖上锅盖，小火慢煎（图4）。
5. 煎到表面蛋液不浮动时翻面略煎一下（图5），取出装盘。
6. 热牛奶中撒入麦片。吐司边角料抹上自制果酱食用。

贴心小提示

1. 吐司要选用含糖低的吐司，不然上色快，容易焦煳。

2. 煎制时要用最小火慢慢将蛋液烘熟，不然吐司底部煳掉了蛋液还不熟。

玉米薄饼三明治套餐

主食 玉米薄饼三明治
汤粥 奶茶
水果 橙子+圣女果

玉米薄饼三明治

薄饼用料：面粉100克，玉米面50克，小米面50克，酵母3克，白糖10克，牛奶150克，食用碱1克，温水1汤匙

夹馅用料：鸡蛋2个，水2汤匙，盐1/4茶匙，生菜2张，小水萝卜苗适量，火腿（或牛肉片）2片，甜面酱适量

奶茶

原料：红茶1汤匙，水150毫升，牛奶100毫升

调料：方糖1块，炼乳适量

营养早参考

　　此款健康奶茶用纯牛奶、红茶制成，跟工厂化生产的奶茶相比，不含色素、防腐剂、其他调味剂等，父母更放心，孩子也喜欢。玉米薄饼三明治中玉米面、牛奶的加入，使B族维生素的含量得到提升，而鸡蛋、生菜、火腿的加入则使蛋白质、维生素C、膳食纤维等得到增加。最后配上橙子和圣女果作为餐后水果，清爽一天就此开始！

▶▶▶▶

头天晚上准备

酵母和牛奶混合均匀，倒入白糖，搅匀，倒入玉米面、小米面和面粉，混合成面团。

将面团发起至2~3倍大。食用碱和温水在小碗里调匀化开。

用手捞取碱水揉进发好的面团中。

揉匀后收圆，稍微发起后放入冰箱冷藏。生菜、小水萝卜苗、圣女果分别洗净，沥水。

次日早上完成

1. 早起半小时将冰箱里的面团取出，放在温暖处回温，此时应该发到原体积2~3大（图1）。
2. 鸡蛋打散，加入水和盐打匀。长方形深盘内侧抹上香油，倒入蛋液，蒸锅大火烧开，放入深盘，再盖上1个盘子，小火蒸5~6分钟成蛋羹。
3. 电饼铛加热，将回温好的面团轻轻取出放入饼铛中，用刮板轻轻将饼摊开摊薄（图2），盖上饼铛盖子，烙2~3分钟，至打开盖子后上下都不粘、按压侧面有弹性即是熟了。
4. 小锅里加入水烧开，放入茶叶，小火煮5~10分钟（图3），滤出茶叶，倒入牛奶（图4）和方糖，略煮，加炼乳（图5）搅匀，关火。
5. 取出蒸好的蛋羹，切成长方块。烙好的玉米饼取出切小块，两块一组，内侧各抹少许甜面酱，夹入蒸蛋羹、火腿(或牛肉片)、生菜、小萝卜苗。奶茶装杯（图6）。橙子切块，和圣女果、三明治一起装盘。完成！

贴心小提示

　　1. 和好的面是湿软的，又经过两次充分的发酵，所以烙好的玉米饼会很松软。

　　2. 早上现做现吃的发面饼，需要头天晚上把面发上，那么，怎样确保第二天早上用的时候刚发好，又不发过头呢？这就需要经验了。

　　酵母的使用量，室温下的发酵速度，进冰箱前的发酵程度，冰箱温度对发酵速度的影响，回温的温度和时间，这些要都考虑在内，才能保证在早上使用时面团呈现最合适的发酵状态。

香脆鸡腿堡套餐

主食	香脆鸡腿堡
配菜	烤芦笋
汤粥	大米绿豆浆
水果	伊莉莎白瓜

香脆鸡腿堡

原料：鸡全腿1只，面包3个，生菜适量

调料：料酒2汤匙，盐1茶匙，葱适量；糯米粉、蛋液、面包糠各适量；沙拉酱适量

烤芦笋

原料：芦笋4根
调料：橄榄油1汤匙，海盐1/2茶匙

大米绿豆浆

原料：大米1/3杯，绿豆1/3杯

营养早参考

　　借助自动豆浆机，我们可以将大米、绿豆制成大米绿豆浆，省时省力，而且补益功效要比摄入单一的谷物更好。在家里自己动手制作的香脆鸡腿堡，比快餐厅里的同种汉堡油脂量少，可以让孩子避免过多脂肪的摄入，更加健康安全，还享受到了与中式早餐不同的风味。有"蔬菜之王"美称的芦笋，富含氨基酸、矿物质，能帮助提高孩子免疫力。　　▶ ▶ ▶ ▶

头天晚上准备

① 鸡腿去骨。

② 清洗干净并擦干。

③ 将鸡腿放在大盘中，淋上料酒，撒盐抹匀。

④ 葱斜切成片，均匀撒在鸡腿上，放入冰箱冷藏过夜。

5.笋和生菜分别洗净，沥水。绿豆和大米分别淘洗干净，分别加清水浸泡。

次日早上完成

1.将绿豆再次清洗干净后倒入豆浆机，加入大米和泡米的水，补充水到刻度线，选择"米糊"或"五谷豆浆"功能，开始工作。

2.鸡腿放入烧开的蒸锅中蒸10分钟（图1）。

3.蒸好后取出，拣掉葱叶不要，将鸡腿切成大块（图2）。

4.油锅烧至五成热，将鸡腿依次裹上糯米粉、蛋液、面包糠，入锅（图3）小火炸至表面金黄，捞出，放在厨纸上吸掉多余油分。

5.芦笋切大段，放在铺了锡纸的烤盘上，均匀淋上橄榄油，再均匀撒上海盐（图4），放入预热至220℃的烤箱上层，烤6分钟。

6.面包横切开，切面抹上适量沙拉酱，中间夹入生菜和鸡块。烤好的芦笋装盘。米浆装杯。伊莉莎白瓜切块，装盘。

贴心小提示

1.鸡腿先蒸后炸，可以大幅缩短炸制的时间，还能减少吸油量，避免油炸食品容易引起上火的问题。

2.用糯米粉代替淀粉来裹鸡腿，炸好后会有酥脆的口感。

3.炸裹了面包糠的鸡腿时要用小火，不然容易煳。

 南瓜吐司套餐

主食	南瓜吐司
配菜	嫩炒蛋+煎薯块
汤粥	抹茶牛奶
水果	蓝莓

南瓜吐司 每人2片（做法见本书 p.231）

煎薯块

原料：土豆1个

调料：海盐1茶匙，现磨黑胡椒粉适量

嫩炒蛋

原料：鸡蛋3个，牛奶3汤匙

调料：盐1/2茶匙

抹茶牛奶

原料：牛奶500毫升，抹茶粉3克

调料：方糖3块

营养
早参考

牛奶中加入了抹茶粉，让不喜欢喝牛奶的孩子也慢慢爱上牛奶。自制的南瓜吐司，由于南瓜成分的加入，使吐司中增加了丰富的胡萝卜素，有益孩子视力。土豆是一种容易被大家忽视的食材，其实它富含碳水化合物、B族维生素、维生素C、矿物质、膳食纤维等营养素，是一种上佳的食材哦。炒蛋时加入牛奶，炒出来的鸡蛋更嫩，而且带着一股奶香，鸡蛋和牛奶的营养可谓一网打尽。蓝莓富含花青素等特殊成分，能帮助孩子抵抗学习疲劳，提高效率。

▶ ▶ ▶ ▶

次日早上完成

1. 土豆洗净，削皮，切滚刀块（图1）。

2. 锅里加水烧开，放入土豆块，加入1/2茶匙盐，焯煮5分钟后捞出沥掉水分（图2）。

3. 牛奶和抹茶粉一起倒入搅拌机中（图3），搅打均匀（图4）。

4. 将抹茶牛奶倒入小锅中，小火煮至微微开，关火（图5）。

5. 平底锅烧热，倒入适量橄榄油，油热后放入沥干水分的土豆块（图6）。

6. 将土豆各面都煎至微焦（图7），均匀撒入黑胡椒粉和剩余1/2茶匙海盐，各面都撒匀后关火，盛出装盘。

7. 鸡蛋充分打散，加入牛奶、盐，打匀。

8. 刚煎过土豆的锅里补充适量橄榄油，烧热后倒入蛋液，边搅边炒（图8）。

9. 炒至八九成熟时关火盛出。抹茶牛奶装杯，投入方糖调味。面包、炒蛋、煎薯块装盘。蓝莓装入小容器中。完成！

贴心小提示

1. 平底锅煎过土豆之后再炒蛋，蛋中会带着黑胡椒的颗粒和香气。

2. 用橄榄油煎炒食物比用普通油健康，味道也更好。如果喜欢黄油的味道，也可以用黄油。

PARIS, FANTASTIQUE

Biffel. Avenee des Champs-Blysees
anse, Pantheon. Palais de chaillot

茄子吐司小披萨套餐

主食	茄子吐司小披萨
汤粥	西蓝花浓汤
其他	白煮蛋+油桃

营养早参考

这套西式营养早餐中蛋白质、脂肪、碳水化合物充足，且由于西蓝花、土豆、茄子等新鲜蔬菜的加入，增加了胡萝卜素、B族维生素、维生素C、叶酸等营养素。白煮蛋是使鸡蛋中的营养素吸收利用率最高的烹饪方式，做法简单，又不会增加脂肪摄入。最后再来个香甜的油桃，带来一天的好心情！

茄子吐司小披萨

原料：吐司3片，长茄子1/2根，马苏里拉奶酪碎60克

调料：盐1/2茶匙，番茄沙司3汤匙

西蓝花浓汤

原料：西蓝花120克，土豆120克，小香肠1根，淡奶油100毫升

调料：盐1/2茶匙，现磨黑胡椒粉少许

白煮蛋

原料：鸡蛋每人1个

115

1. 西蓝花洗净。茄子洗净。土豆洗净去皮，切小丁，用清水洗两遍后捞出，放入保鲜袋保存。
2. 马苏里拉奶酪碎从冰箱冷冻室取出，放进冷藏室解冻。

次日早上完成

1. 土豆放入小锅中，倒入足量水，烧开后继续煮15分钟（图1）。
2. 茄子切5毫米厚的片，放入盆里，撒入盐抓匀，静置（图2）。
3. 另起小锅，烧开足量水，放入洗净的鸡蛋，转小火煮9分钟。煮好后捞出，马上浸入冷水里，3分钟后取出。
4. 西蓝花留一小部分完整的小朵，其余连嫩茎一起切碎。香肠切小片（图3）。
5. 茄子用手轻轻挤掉水分。平底锅烧热，倒入适量油，放入茄子片，两面微微煎至上色（图4），取出。
6. 煮土豆的锅里继续倒入西蓝花碎，再煮5分钟，关火略放凉（图5）。
7. 吐司片放在铺好的烤盘上，表面刷匀番茄沙司，铺上茄子片，均匀撒上奶酪碎（图6），放入预热至200℃的烤箱中，烤5分钟左右至奶酪融化、微微上色。
8. 将煮好的土豆、西蓝花和汤一起倒入搅拌机中搅打细腻（图7），再倒回锅中小火煮开。
9. 锅中倒入淡奶油（图8）。
10. 放入剩下的西蓝花小朵、香肠片、盐、黑胡椒粉，再煮2分钟（图9）。
11. 小披萨取出装盘。鸡蛋剥壳，切开，装盘。油桃切块装盘。浓汤装杯。完成（图10）！

贴心小提示

茄子提前用盐腌一下，既入味又可以去掉多余水分，避免过多吸油。先煎一下茄子再做披萨，味道更好更香。

PART 3

秋风起 胃口开

秋季营养早餐（24套）

QIUFENG QI WEIKOU KAI
QIUJI YINGYANG ZAOCAN

秋季早餐 营养对策

Qiuji Zaocan Yingyang Duice

Candey的话

> 漫长而炎热的夏季，孩子身体能量消耗大而进食较少，进入秋天之后肠胃功能难免薄弱，需要调补并储蓄能量以迎接即将到来的寒冬。
>
> 秋风一凉，孩子们的胃口渐渐大开，这是身体机能的自然反应，妈妈们应该趁此机会给孩子加强营养，补足夏日里的消耗。

一 天气变凉，胃肠最敏感。

秋天的早晨凉气较重，早餐最好吃点热的，煮一锅热乎乎的汤面，或熬一锅热粥，或打一壶热豆浆，可以非常好地驱寒暖胃!选择不同的食材搭配，还会对身体产生不同的滋养补益作用，比如，煮粥或豆浆时加些切碎的梨块，可生津止渴、滋阴润燥；加些银耳，可润肺养胃；加些瘦肉，可补充蛋白质……

二 秋天气候干燥，养肺是关键。

对于孩子来讲，肺是很娇嫩的，它喜"湿"厌"干"，要给它足量的水分，多吃一些润燥生津、清热解毒的食物，除了每天早上喝一杯蜂蜜水之外，还可以遵循"白色入肺"的原则，多吃些白色食物，比如杏仁、莲子、百合、藕、银耳、雪梨、白萝卜、白菜、菜花、冬瓜、豆制品等。或者选择麦片、玉米、绿豆等杂粮，也有清热祛燥的功效。

三 补充维生素A和胡萝卜素，预防呼吸道感染、肺炎、哮喘等疾病。

常见的富含维生素A的食物有动物肝脏、奶类等；富含胡萝卜素的食物有胡萝卜、南瓜、菠菜、芒果、橙子、柠檬、杏等。

四 少食辛辣寒凉的食物。

夏天里稍微给能吃辣的孩子来点辛辣味道，可以刺激食欲，但立秋之后就要少吃或不吃，因为秋天要养肺气，辛辣却会伤肺。冷饮、西瓜、甜瓜等寒凉食物，秋季食用会伤脾胃、降低抵抗力，要适可而止，尤其早餐，最好不要食用辛辣或寒凉食物。

五 适当吃一些酸味果蔬。

比如橘子、柠檬、猕猴桃、柚子和番茄等，可以增强肝脏功能。

 莲藕糯米粥套餐

主食	八角灯笼包
配菜	培根胡萝卜炒蛋
汤粥	莲藕糯米粥
水果	猕猴桃

八角灯笼包 做法见本书p.230

培根胡萝卜炒蛋

原料：中等胡萝卜1根，培根1片，鸡蛋3个
调料：盐1/4+1/2茶匙

莲藕糯米粥

原料：莲藕100克，糯米120克
调料：糖桂花适量

头天晚上准备

1. 莲藕去皮，擦成丝。
2. 糯米淘洗干净，与藕丝一起放入电压力锅中，倒入水，水面高出米面约两指关节的高度，选择预约煮粥方式。
3. 胡萝卜洗净。
4. 培根从冰箱冷冻室取出，放在冷藏室回温。

次日早上完成

1. 八角灯笼包放入蒸锅加热。胡萝卜切片。培根切片。鸡蛋充分打散，加2茶匙水和1/4茶匙盐，打匀。
2. 炒锅烧热油，先下蛋液，大火炒散，至八成熟时盛出。

营养早参考

莲藕糯米粥健脾养胃，益气补虚，尤其适合秋季食用。胡萝卜经过油炒，有利于胡萝卜素转化成维生素A，再加上培根、鸡蛋，补充了大脑及身体发育必需的蛋白质。配上灯笼糖包、猕猴桃，能提供更多碳水化合物和维生素，充分满足一上午的营养需求。 ▶▶▶▶

3. 锅底补充适量油，下培根片小火煸炒出油。
4. 下胡萝卜炒软，调入1/2茶匙盐炒匀。
5. 倒入炒好的蛋炒匀，出锅装盘。
6. 煮好的粥盛入碗里，调入适量糖桂花调味。热好的灯笼包装盘。猕猴桃去皮，装盘。完成！

胡萝卜碎肉粥套餐

主食	芝麻蛋炒馒头
汤粥	胡萝卜碎肉粥
水果	葡萄+冬枣

芝麻蛋炒馒头

原料：馒头200克，大个鸡蛋1个，白芝麻1汤匙
调料：盐1/2茶匙

胡萝卜碎肉粥

原料：熟米饭250克，胡萝卜80克，炖好的排骨2~3块，五香鹌鹑蛋6个
调料：姜2片，盐1/2茶匙，香油2茶匙，胡椒粉适量

营养
早参考

　　胡萝卜碎肉粥在单纯米粥的基础上增加了肉和菜，除提供碳水化合物外还提供蛋白质、胡萝卜素等成分，能滋阴润燥。芝麻蛋炒馒头，蛋香与芝麻香气交汇，馒头松软，引人食欲大开。葡萄作为当季水果，能迅速补充身体所需的葡萄糖，为孩子上午的紧张学习保驾护航。

▶▶▶▶

头天晚上准备

1. 排骨提前炖好。鹌鹑蛋可以买成品，也可以自己提前卤熟。
2. 胡萝卜洗净。葡萄和枣分别洗净，沥水。

次日早上完成

1. 锅中倒入米饭，加1000克水，大火烧开后转小火煮20分钟左右（图1）。
2. 胡萝卜擦成丝，姜切很细的丝，排骨的肉撕成丝或肉碎。
3. 鸡蛋和盐在1个大碗里充分打散，再倒入芝麻打匀。馒头切小方块，倒入蛋液中充分搅匀（图2）。如果有多余的蛋液，需要将其滗出。
4. 炒锅放油烧热，将馒头块倒入（图3），小火翻炒至呈均匀的金黄色（图4），盛出。
5. 米粥煮至变稠，倒入胡萝卜、姜丝和肉碎，调入盐，再煮5分钟至胡萝卜熟软（图5）。
6. 最后调入香油，喜欢胡椒粉的可以适当加点，搅匀，关火，放入剥壳的鹌鹑蛋，闷热即可。
7. 葡萄和枣装小碗中，粥装碗中，炒馒头装盘。完成（图6）！

贴心小提示

　　1. 要选硬一些的馒头或火烧来炒。太软的馒头做出来没嚼劲，泡蛋液也容易散，口感不好。
　　2. 这道套餐是用剩的熟米饭来做粥的，既可以解决剩饭的问题，又比用大米煮粥节约时间。

松饼菜粥套餐

主食　粟面小松饼
汤粥　茼蒿火腿菜粥
其他　石榴汁

粟面小松饼

原料：玉米面100克，小米面50克，面粉10克，鸡蛋2个，白糖20克，花生油15克，无铝泡打粉1/2茶匙

茼蒿火腿菜粥

原料：高粱米饭300克，茼蒿200克，火腿2片，姜1片（切极细的丝）
调料：盐1/2茶匙，香油1茶匙

石榴汁

原料：大石榴1~2个

头天晚上准备

1. 将玉米面、小米面和面粉混合后过筛到盆里（图1），倒入白糖搅匀。
2. 将蛋液、油和125克清水打匀后倒入混合粉中（图2）。
3. 搅拌均匀成可流动的糊状（图3），送入冰箱冷藏一夜。
4. 石榴剥出粒，清洗干净，用保鲜膜包起，放入冰箱冷藏（图4）。
5. 茼蒿洗净，沥水。
6. 米饭提前制熟（将大米和高粱米按10：1的比例蒸熟即成）。

营养
早参考

　　整套早餐较为清淡：茼蒿是秋季的应季蔬菜，可清热润燥，同火腿制成粥，能滋阴润燥，提供碳水化合物、蛋白质等营养素；含玉米面、小米面、鸡蛋成分的粟面小松饼，香甜适口，作为孩子的主食非常合适。石榴是秋季的应季水果，味甘酸，符合秋季宜多食酸的养生法则，用其榨成的汁富含果糖、维生素C，非常适宜孩子适量饮用。

▶▶▶▶

次日早上完成

取出面糊，加入泡打粉，搅匀后静置10分钟。锅里倒入米饭，加入1200克水，大火烧开后转小火。

煮10分钟左右，加入火腿粒和姜丝，继续煮10分钟左右。

平底锅烧热后转小火，用汤匙盛取面糊，在锅中心上方，保持面糊从中心点上方滴落。

可以看到，面糊入锅后会自然摊成圆形，说明面糊的稠稀度正合适。

待表面生成很多小气孔时翻面，煎至两面上色均匀即可出锅。

锅里的米粥煮至汤浓稠、米粒开花，调入盐，将茼蒿切碎倒入，滴入香油搅匀，煮1分钟后关火。

将石榴粒放入榨汁机，榨成石榴汁。

粥盛入碗里。小松饼装盘。石榴汁装杯。完成！

贴心小提示

　　1. 制作小松饼的面糊要稀稠度合适，太稠了摊不开，太稀了不成型。水的用量可以根据面糊的稠度自己调整，以面糊落入锅底可以自然摊开成圆形为宜。

　　2. 用汤匙盛取面糊，可以保证每次盛的面糊量一样多，摊出来的饼大小一致。

　　3. 摊小松饼时用稍大些的平底锅，一次可以同时摊3-4个小饼，速度很快。

 蛋煎藕片套餐

主食 馒头

配菜 蛋煎藕片+清炒西蓝花

汤粥 绿豆百合汤

水果 桃子

蛋煎藕片

原料：藕1根

调料：鸡蛋1个，面粉2汤匙，盐1/2茶匙，番茄沙司适量

清炒西蓝花

原料：西蓝花150克

调料：盐1/2茶匙

绿豆百合汤

原料：绿豆2/5杯，干百合8克

调料：方糖1小块

头天晚上准备

1. 绿豆洗净，浸泡（图1）。干百合洗净，浸泡（图2）。西蓝花洗净沥水，掰成小朵。桃子洗净。
2. 藕洗净，去皮，用清水清洗一下表面后擦干水分，装入保鲜袋，放入冰箱冷藏保存。
3. 馒头可以自己蒸，也可以提前购买。

次日早上完成

1. 绿豆倒掉水，再次清洗干净，倒入豆浆机中。百合拣出有黑斑的不要，放入豆浆机中，补充清水到刻度线，按下"绿豆沙"按键开始工作（没有这项功能的，可以选你熟悉的功能）。
2. 馒头放入蒸锅加热。藕切成5毫米厚的片（图1），投入清水里清洗两遍，然后用清水浸泡防止变色。
3. 鸡蛋打入碗里（图2）。
4. 用打蛋器将鸡蛋充分打散后加入面粉，调入盐，充分搅匀（图3）。
5. 平底锅倒入油烧热，将藕片沥净水分，裹上蛋糊，入锅煎制（图4），待两面金黄时取出。
6. 锅底补充少许油烧热，油里撒入盐转匀，放入西蓝花（图5）。
7. 炒匀后淋入少许水，盖上锅盖（图6），焖1分钟即可。
8. 绿豆百合汤装杯，喜甜的可以放1小块方糖。馒头、煎藕片装盘，搭配番茄沙司食用。炒好的西蓝花装盘。
9. 桃子切块，装入小容器中。完成！

贴心小提示

1. 藕不要切得太薄，不然煎好后软塌塌的不好看。

2. 炒西蓝花时先将盐放在油里，更容易均匀入味。炒制时不必一直大火，淋少许水后利用热蒸汽，短时间就可以把西蓝花焖熟，不仅省油，营养损失还小。

营养早参考

早餐来一份汤，能唤醒胃肠道，促进消化。绿豆百合汤可滋阴润燥、清热润肺，特别适合在初秋季节饮用。藕是秋季的应季佳蔬，熟藕能健脾养胃，同鸡蛋制成蛋煎藕片，鲜香适口。清炒西蓝花是一道简易小菜，能补充维生素、提高免疫力、促进肠道毒素排出。最后来点桃子，增加饱腹感的同时补充了维生素，保证了营养素摄取的均衡。

▶▶▶▶

银鱼蛋饼套餐

主食 银鱼蛋饼
配菜 蜂蜜拌西红柿
汤粥 杏仁豆浆
水果 扁桃

银鱼蛋饼

原料：鸡蛋2个，牛奶50克，面粉70克，小葱1根，新鲜小银鱼90克
调料：盐1/2茶匙，胡椒粉1/4茶匙，番茄沙司适量

蜂蜜拌西红柿

原料：西红柿2个
调料：蜂蜜适量

杏仁豆浆

原料：黄豆3/5杯，糯米1/5杯，杏仁6~8粒

营养早参考

中医认为，秋季天干物燥，应注意养阴润肺。甜杏仁能润肺止咳，同黄豆制成杏仁豆浆，能滋阴润燥。银鱼蛋饼是一款家常口味的主食，其中的小银鱼富含优质蛋白质、钙等，能促进孩子骨骼生长。蜂蜜可谓是秋季的润燥首选食材，用其拌西红柿，口味清清爽爽，诱人食欲。扁桃和西红柿可补充维生素、膳食纤维。

▶▶▶▶

头天晚上准备

1.黄豆洗净，浸泡（图1）。糯米洗净，在另一容器内浸泡。。
2.杏核去掉外壳，取仁（图2），用清水浸泡。
3.小葱择洗干净。西红柿洗净。

次日早上完成

1.黄豆再次洗净，投入豆浆机，同时把糯米和杏仁连同浸泡的水一起倒入，再补足水到刻度线，按下"五谷豆浆"按键开始工作。
2.鸡蛋充分打散，倒入牛奶搅打均匀，倒入面粉，彻底拌匀，放入切碎的小葱。
3.小银鱼洗净，沥水，倒入面糊中，调入盐和胡椒粉，搅匀（图1）。

4.不粘锅烧热，淋入油抹匀，倒入调好的面糊摊开（图2）。
5.改小火，盖上锅盖，煎至两面均匀上色呈金黄色（图3），取出切件，搭配番茄沙司上桌。
6.西红柿切大块，淋蜂蜜拌匀。豆浆装杯。扁桃洗净装盘。完成！

贴心小提示

1.吃膳食杏子的时候剩下的核，有些里面是甜杏仁，可以食用，富含蛋白质、纤维和维生素，可补肺。若是苦杏仁，则切勿随意食用，以免中毒。

2.扁桃等皮软且薄的水果要现吃现洗，若洗净后放得时间太长就不好吃了。

米浆发糕套餐

主食	发糕
配菜	苦瓜虾仁木耳炒蛋
汤粥	黑芝麻枸杞米浆
水果	葡萄

发糕

原料：面粉100克，玉米面100克，鸡蛋3个，白糖30克，油25克，酵母3~4克，无铝泡打粉5克

苦瓜虾仁木耳炒蛋

原料：小苦瓜1个，鲜虾12只，鸡蛋3个，泡发木耳80克
调料：盐1茶匙，淀粉1茶匙，葱花适量，生抽1/2茶匙

黑芝麻枸杞米浆

原料：大米1/3杯，枸杞30粒，黑芝麻1/3杯

黑芝麻含丰富的不饱和脂肪酸、钙等，有益大脑发育，同枸杞、大米制成米浆，能滋阴润燥、健脑益智，还能补充前夜的水分流失。夏末秋初的天气有些燥热，此时来一盘苦瓜虾仁炒蛋，能振奋食欲。秋天的葡萄汁多味美，饭后嚼上几颗，能迅速补充葡萄糖，令孩子浑身充满活力。

▶▶▶▶

头天晚上准备

1. 鲜虾去壳，去虾线，洗净，用厨纸擦干，撒入1/4茶匙盐，充分抓匀（图1）。
2. 再加入淀粉（图2）抓匀，放入冰箱冷藏。
3. 苦瓜洗净。木耳泡发，择洗干净，撕成小朵。
4. 大米和枸杞淘洗干净，浸泡一夜。葡萄洗净。
5. 玉米面过筛，和面粉混合均匀。蛋液充分打散，加白糖、酵母和50~60克水混合均匀，倒入混好的面粉中（图3）。
6. 搅匀成糊状，用打蛋器抽打至黏稠但可顺利流下、纹路清晰的状态（图4）。
7. 醒发1小时后撒入泡打粉，淋入油，搅匀（图5），倒入六吋脱底圆模中。
8. 表面弄平整（图6），开水上锅，大火蒸28分钟后出锅，脱模即可。

次日早上完成

1. 发糕放入蒸锅中加热。大米和枸杞连同浸泡的水一起放入豆浆机中，倒入黑芝麻，选"米糊"功能，开始工作。
2. 虾仁取出，用少许油抓匀，防止粘连。鸡蛋充分打散，调入2茶匙水和1/4茶匙盐打匀。苦瓜去瓤，斜切成片（嫩苦瓜可以不去瓤）。
3. 炒锅放油烧热，下入蛋液（图1），快速炒散至八分熟，盛出。
4. 锅底补充油，烧热后放入虾仁（图2）。
5. 快速煎至两面变色（图3），取出备用。
6. 锅里放入葱花爆香，放入苦瓜片和木耳（图4），翻炒2分钟。
7. 调入1/2茶匙盐和生抽，炒匀后倒入鸡蛋和虾仁（图5），翻炒均匀即可出锅。
8. 黑芝麻米浆装杯，葡萄装小容器中，发糕和炒蛋分别装盘（图6）。完成！

红薯饼黑豆浆套餐

主食 红薯饼
配菜 胡萝卜拌藕丝+虾皮炒蛋
汤粥 红枣黑豆浆

红薯饼

原料：红薯200克，面粉100克，白糖10克

虾皮炒蛋

原料：鸡蛋3个，虾皮20克

调料：盐1/4茶匙

胡萝卜拌藕丝

原料：胡萝卜100克，藕200克

调料：盐1/4茶匙，香油1茶匙，白醋1茶匙

红枣黑豆浆

原料：干红枣10颗，黑豆2/3杯

营养早参考

　　用红枣、黑豆打成的红枣黑豆浆，味道不错且食用方便，有较好的补血强身功效，即使是不喜欢这两种食材的孩子也会喝得津津有味。红薯中含有糖分，因此制作红薯饼时只需放少许糖，以顺应秋季少食甘、多食酸的饮食原则。虾皮炒蛋这一经典美味，由于虾皮的加入弥补了鸡蛋中钙质不足的缺点，营养丰富且味道鲜香。胡萝卜拌藕丝酸爽可口，能健脾养胃、平肝明目。　　▶ ▶ ▶ ▶

头天晚上准备

红薯蒸至熟烂，去皮，放在盆里。

倒入面粉和白糖。

用叉子按压和匀。

用刮板将盆刮净。

和成很软的面团，覆盖保鲜膜保存。

6. 红枣、黑豆分别洗净，再分别加清水浸泡。胡萝卜、藕分别洗净，沥水。

次日早上完成

1. 红枣去核，黑豆洗净，同放豆浆机中，补充水到刻度线，按"五谷豆浆"键开始工作。

2. 平底锅倒入适量油烧热，放入红薯面团，用铲子将其在锅底按压着摊平成饼（图1）。

3. 饼上表面刷油（图2），翻面，盖上锅盖。

4. 小火煎至两面金黄上色（图3），即可取出。

5. 藕去皮，先切片（图4）。

6. 再切细丝（图5）。胡萝卜切细丝。

7. 锅里放水烧开，调入1.5茶匙盐，下藕丝焯烫

2分钟，捞出沥水（图6）。

8. 再下胡萝卜丝焯烫1分钟（图7），捞出沥水。

9. 藕丝和胡萝卜丝放入大碗里（图8），调入盐、白醋和香油，拌匀。

10. 鸡蛋打散，加入切碎的虾皮，调入少许盐打匀，放入热油锅中，大火快炒成碎块。

11. 打好的豆浆装杯。红薯饼、胡萝卜拌藕丝、虾皮炒蛋分别装盘。

 糖酥饼套餐

主食 糖酥饼

配菜 卷心菜炒鸡蛋+凉拌西蓝花

汤粥 花生银耳露

糖酥饼 做法见本书p.226-227

花生银耳露

原料：花生50克，泡发银耳100克，糯米30克

调料：冰糖2~3块

卷心菜炒鸡蛋

原料：卷心菜150克，鸡蛋3个，火腿1片

调料：盐3/4茶匙，生抽1/2茶匙

凉拌西蓝花

原料：西蓝花120克

调料：盐1茶匙，味极鲜酱油适量

头天晚上准备

1. 做好糖酥饼。
2. 花生放入烤箱中层，以120℃烤20分钟，取出放凉后搓掉外皮。
3. 银耳泡发，择洗干净。糯米淘洗净，浸泡一夜。
4. 卷心菜和西蓝花分别洗净。

次日早上完成

1
花生、银耳和泡过的糯米一起放入搅拌机中，加入750克清水。

2
充分搅打成细腻的浆，用滤网过滤掉渣子。

3
滤出的细浆倒入锅里，加入冰糖，大火煮开后转小火煮10分钟左右。

4
鸡蛋打散，加1/4茶匙盐打匀。卷心菜撕成小片。火腿切成小粒。

5
炒锅放油烧热，倒入蛋液快速炒散。

6
待炒至半熟时倒入卷心菜和火腿粒。

7
翻炒1分钟后调入盐，炒匀，临出锅前淋入少许生抽，快速翻炒匀即可。

8
西蓝花掰小朵，入加1茶匙盐的开水锅中煮1分钟，捞出装盘，蘸酱油食用。糖酥饼用烤箱烤至温热，装盘。

贴心小提示

脆嫩的西蓝花简单焯煮一下，蘸着酱油吃风味极佳，但一定要选择一款适于生吃的、质量够好的酱油。

营养早参考

银耳滋阴润肺，同花生制成花生银耳露，能滋阴养颜、补脑润肺。卷心菜炒鸡蛋、凉拌西蓝花这两款清淡小菜，顺应了秋季健脾养胃、滋阴润燥的养生特点，热量适宜且营养素均衡。秋天的西蓝花花茎中营养成分含量最高，多吃西蓝花有爽喉、开音、润肺、止咳的功效，有助于缓解干燥天气带来的喉咙干痒不适。主食糖酥饼能受到多数孩子的欢迎，提供上午学习、运动时身体所需的能量。 ▶▶▶▶

	主食	黑芝麻馒头
	配菜	虾皮萝卜丝+炸豆腐
	汤粥	紫薯山药豆浆

黑芝麻馒头套餐

黑芝麻馒头

原料：面粉200克，酵母2克，水110克，熟黑芝麻20克

炸豆腐

原料：豆腐400克
调料：黄豆酱1茶匙，豆腐乳1/4块，腐乳汁1/2茶匙，韩式辣酱1/2茶匙，芝麻酱1/2茶匙，味极鲜酱油1茶匙

虾皮萝卜丝

原料：青萝卜1根（约500克），虾皮30克
调料：盐1/4茶匙

紫薯山药豆浆

原料：蒸熟紫薯80克，山药50克，黄豆2/5杯，大米1/5杯

头天晚上准备

1. 熟黑芝麻放入搅拌机的干磨杯中打成细粉（图1）。
2. 酵母和水混合均匀。面粉和熟黑芝麻粉放入盆中（图2），加入酵母水。
3. 揉成光滑柔软的面团，盖上盖子，发酵至原体积2倍大（图3）。
4. 取出发酵面团充分揉匀排除气泡，切成4等份，揉圆成馒头生坯（图4）。
5. 馒头生坯放入铺好干净纱布的笼屉中，盖好盖子，醒发20分钟。蒸锅加水烧开，放入笼屉，大火蒸10~12分钟。
6. 紫薯蒸熟。山药洗净，去皮，冲洗干净，装入保鲜袋。黄豆洗净，浸泡一夜。大米洗净，浸泡。青萝卜洗净。

次日早上完成

1. 黄豆重新洗净，放入豆浆机中，将大米连同浸泡的水一起倒入。
2. 紫薯去皮切成小块，山药切成小丁，也都放入豆浆机中，补充水到刻度线，选"五谷豆浆"功能开始工作。
3. 黑芝麻馒头放入蒸锅中加热。
4. 豆腐切成约4厘米见方、1厘米厚的块（图1）。
5. 将黄豆酱、豆腐乳、腐乳汁、辣酱、芝麻酱和酱油放入小碗里，加入适量白开水，调成可流淌的状态（图2）。
6. 炒锅内放入足量油，烧至七八成热时转中小火，放入豆腐块，炸至表面微焦，呈现均匀的浅金黄色，捞出沥油（图3），装盘，淋上5步调好的酱汁。
7. 青萝卜切细丝。炒锅放油烧热，倒入萝卜丝（图4）不断翻炒，感觉有点干的时候少量多次淋入水，中途加入虾皮一起翻炒，最后调入盐，炒匀即可。
8. 煮好的豆浆装杯。馒头、虾皮萝卜丝分别装盘。炸豆腐上桌。

营养早参考

入秋后天气转凉，宜健脾养胃、养阴润肺。山药是秋季的应季佳蔬，能滋阴生津，同紫薯、黄豆制成混合豆浆，不仅色、香、味俱佳，更能养阴生津、益气和胃。秋季的萝卜也是应季蔬菜，汁多味美，同虾皮制成虾皮萝卜丝，能增进消化，补充钙质。炸豆腐色泽金黄，诱人食欲，能带来充足的蛋白质和不饱和脂肪酸。 ▶▶▶▶

蛋饼油条包套餐

主食 蛋饼油条包
汤粥 瘦肉粥

蛋饼油条包

原料：烫面面团150克，鸡蛋3个，油条2~3根
调料：葱花适量，盐1/2茶匙

瘦肉粥

原料：瘦肉100克，小白菜80克，西蓝花60克，海米20克，洋葱20克，熟米饭250克
调料：盐3/4茶匙，料酒2茶匙，生粉1茶匙

头天晚上准备

1. 瘦肉切丁，加1茶匙料酒、1/4茶匙盐、1茶匙生粉（图1），抓匀，腌制一夜。
2. 和好烫面面团（做法见本书p.74），装入保鲜袋，冷藏。
3. 小白菜、西蓝花、洋葱分别择洗净。米饭蒸好（图2）。

次日早上完成

1

洋葱切碎。锅底放油烧热，下洋葱煸炒至透明。

2

下肉丁炒至变色。

3

放入海米炒匀，淋入料酒，炒掉酒味儿。

4

倒入足量的水烧开。

5

撇掉浮油和沫，倒入米饭，烧开后转小火煮15~20分钟。

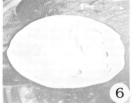

6

烫面团分3份，分别擀成尽量薄的圆形饼皮。油条入烤箱（不必预热），以150℃烤5分钟。

7

蛋液打散，加入盐和葱花，打匀。平底锅中倒入少许油转开，倒入1/3蛋液。

8

将蛋液摊开摊薄，上面放上圆形烫面饼皮。

9

翻面，放上一根油条。

10

待底部饼皮上色后，紧紧卷起，接口处朝下再略煎。

11

粥煮至米粒软烂，加入切碎的小白菜和掰成小块的西蓝花，调入剩下的盐，再煮1~2分钟即可。

12

粥装碗。蛋饼油条包出锅，切段装盘。

贴心小提示

海米如果很干，需要提前泡软再用，浸泡时可加一点酒去腥味。

营养早参考

这款瘦肉粥不仅包含瘦肉，还提供了海米和两种蔬菜，使营养更均衡、更易吸收。蛋饼油条包使用的油条是自制的，不含有害的铝离子，更安全、营养。这套中式早餐，吃完后感觉肚子热乎乎的，孩子的满足感由"胃"而生。

豆角木耳蛋饼套餐

主食 豆角木耳蛋饼
配菜 蜜汁四件
汤粥 牛奶
水果 油桃

豆角木耳蛋饼

原料：豆角75克，泡发木耳50克，鸡蛋2个，面粉100克
调料：盐1茶匙，胡椒粉少许

蜜汁四件

原料：南瓜1/2个，紫薯1个，红枣20~30颗，枸杞20~30颗
调料：冰糖10颗，水淀粉1汤匙

头天晚上准备

1

南瓜去皮、瓤。紫薯洗净。红枣洗净，用清水泡开。枸杞洗净。

2

在紫薯上间隔5毫米左右切花刀，不要切断。

3

同样，在南瓜上间隔7毫米左右切上平行的刀口，不切断。

4

紫薯放盘中，上面扣上南瓜，送入烧开的蒸锅蒸屉上，蒸约12分钟，至用叉子可以叉透南瓜但又不能很软烂为宜。

将泡开的红枣放入小锅中，倒入约250克水，放入冰糖，大火烧开后转小火煮10~15分钟至红枣鼓胀，最后倒入洗净的枸杞，再煮2分钟左右，关火。将红枣和枸杞挑出，摆在南瓜盘子里，锅里剩下的糖汁留着第二天早上用。豆角洗净，去掉筋。木耳泡发后洗净，沥干水分。

次日早上完成

1. 将蜜汁四件中的"四件"重新热好。牛奶热好。煮锅烧开水，放入豆角，焯煮3分钟。

2. 再放入木耳焯烫1分钟，捞出过凉水，分别切碎末。

3. 面粉中加入约120克水，调成可以自由流动的稀糊，加入打散的蛋液搅匀，再放入豆角碎和木耳碎，调入盐和胡椒粉，搅匀。

4. 平底锅烧热，倒入少许油转开，倒入适量面糊，快速转动锅子摊开，小火煎至两面金黄，出锅，卷成卷。

5. 将煮过红枣和枸杞的糖汁加热。

6. 煮沸后淋入水淀粉，边搅边煮至糖汁收稠变亮，关火。

7. 将蜜汁淋在热好的"四件"上。

8. 牛奶装杯。蛋饼装盘。完成！

贴心小提示

1. 蛋饼越薄口感越好，所以一开始调出的面糊不能稠。

2. 摊出薄蛋饼的方法：锅子热好后离火，倒入面糊，边倒边转，快速用铲子辅助其摊开，然后再放回火上煎。

3. "蜜汁四件"可以早上现做，但所需时间较长。

4. 南瓜不要蒸得过于软烂，会影响口感。紫薯不如南瓜易熟，所以切花刀要比南瓜切细一些。具体时间根据自家火候灵活掌握。

营养早参考

牛奶提供充足的优质蛋白质。

豆角是秋季的应季蔬菜，因此豆角木耳蛋饼顺应了多食应季蔬菜的原则。食豆角能养阴生津，搭配木耳、鸡蛋做饼，能滋阴补虚，提供能量。小孩子多爱吃甜食，蜜汁四件定能赢得他们的喜爱。

番茄疙瘩汤套餐

汤粥 番茄疙瘩汤
其他 蒸双薯+橙子

番茄疙瘩汤

原料：面粉150克，大个西红柿1个，泡发木耳60克，油菜80克，鸡蛋1~2个

调料：葱花适量，生抽1/2茶匙，盐1茶匙，白糖1/2茶匙，香油少许

蒸双薯

原料：红薯、紫薯各适量

头天晚上准备

1.红薯和紫薯分别洗净，入蒸锅蒸熟。
2.西红柿和油菜分别洗净。木耳泡发后洗净。

次日早上完成

1

蒸好的红薯和紫薯加热一下。烧开水，将西红柿顶部划"十"字，放入沸水中。

2

烫至切口绽开，立即捞出去皮，切片。

3

锅中放油烧热，放葱花爆香，倒入西红柿。

4

调入盐、白糖和生抽，炒成糊状。

5

倒入足量的水烧开，小火煮5分钟左右。

6

放入撕成小片的木耳。

7

面粉倒在宽底的盆里，小细流淋入水，边淋边快速搅拌成面疙瘩，然后倒入锅中。

8

大火煮开2~3分钟至汤变稠，放入切碎的油菜叶略煮。

9

淋入蛋液，搅开成蛋花，关火，淋入少许香油。橙子切块，装盘。疙瘩汤装入碗里。红薯和紫薯装盘。完成！

营养
早参考

　　鸡蛋的加入，使番茄疙瘩汤既提供了足够的碳水化合物、膳食纤维、维生素、水分等，也提供了充足的蛋白质、卵磷脂，让孩子在一上午的学习中精力充沛。秋天是食用薯类食物的好时节，红薯、紫薯中丰富的维生素E能抗氧化，另外，紫薯中还富含花青素，其抗氧化、抗疲劳能力更强。橙子中的果糖能迅速提升血糖，让孩子精力更旺盛。

▶ ▶ ▶ ▶

菌菇汤面套餐

汤粥 菌菇汤面
其他 煮玉米+梨

菌菇汤面

原料：冷冻鲜压面250克，白玉菇150克，蟹味菇150克，西蓝花50克，干海米30克，鸡蛋3个
调料：葱花适量，料酒1茶匙，生抽1茶匙，盐1.5茶匙，香油1/2茶匙

煮玉米

原料：新鲜玉米适量

早餐中应有一道含汤水的菜肴或主食，这样能唤醒沉睡了一夜的胃肠，润滑胃壁，起到养胃的作用，而且还能帮助控制食量，避免吃得过饱，菌菇汤面便是这样一款主食。一碗菌菇汤面，将鲜菇、蔬菜、鸡蛋囊括其中，蛋白质、B族维生素、钙、锌、膳食纤维等一网打尽。煮玉米完整地保留了玉米粒胚芽的营养，能提供维生素E、矿物质等。秋梨可润燥止咳，是解秋燥的首选水果。

▶▶▶▶

头天晚上准备

1.白玉菇、蟹味菇洗净，沥水。西蓝花洗净沥水。
2.鲜玉米煮熟。

次日早上完成

1.将玉米放入蒸锅热透。从冷冻室取出面条。

2.炒锅放油烧至温热，下入干海米，温油炒香，再放入葱花（图1），转大火，淋入料酒、生抽，炒掉酒味儿。

3.炒锅中倒入蘑菇，大火炒掉水汽（图2）。

4.待蘑菇炒软后倒入足量的水，烧开（图3）。

5.放入面条（图4）。

6.用筷子快速将面条搅开（图5），调入盐，中小火煮。

7.另起锅烧开足量水。炒勺内抹点儿油，将鸡蛋打入，使炒勺底部接触沸水，隔水煮蛋（图6）。

8.待蛋液表面凝固后将炒勺放入水里（图7），煮熟后取出，用刀子或牙签轻轻划一下底部就可以脱出荷包蛋了。

9.面条煮好后关火，放入西蓝花，用余温闷熟，淋入香油，搅匀（图8）。

10.煮好的面条盛入碗里，上面卧1个煮好的荷包蛋。玉米取出，梨洗好，装盘即可。

贴心小提示

1. 将机器压的面条挂着晾干后就成了挂面。新鲜的面条也可以不必晾干，直接装入保鲜袋，放入冰箱冷冻保存。每次做饭时取出，不必解冻，直接放入沸水里煮就可以。

2. 压面较硬，可以直接入汤锅煮。如果是手擀面，质地较软，直接入汤锅煮会使汤变浑，最好是另起锅煮个八成熟，然后再捞进汤锅里稍煮并调味。

3. 荷包蛋可以直接打入沸水里煮，但用炒勺辅助，煮出来会比较漂亮。

 紫菜手卷套餐

紫菜手卷

原料：紫菜6张，熟米饭约150克，鸡蛋1个，薄五花肉片100克，豆芽50克

调料：生抽2汤匙，白糖2茶匙，韩国辣酱1茶匙，料酒1茶匙

蜂蜜牛奶

原料：牛奶每人250毫升

调料：蜂蜜适量

头天晚上准备

1. 蒸熟米饭。如果家里电饭锅有预约功能，可以用预约方式蒸新鲜白米饭。
2. 豆芽洗净，沥水。
3. 葡萄清洗干净，沥水。

营养
早参考

含优质蛋白质、钙质丰富的牛奶中加入蜂蜜，使其增加了滋阴润燥、宣肺止咳的作用，甜甜的口味也容易让孩子接受。充满韩式风情的紫菜手卷，色、香、味俱全，定能让孩子食欲大增。最后再吃几颗葡萄，酸酸甜甜的味道带来一天的好心情！

▶ ▶ ▶ ▶

次日早上完成

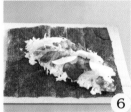

1. 牛奶倒入小锅中加热。鸡蛋煮熟后过冷水，剥壳。
2. 锅中烧开水，将豆芽焯煮2分钟（图1），捞出后过冷水，再沥净水分备用。
3. 将生抽、白糖、韩国辣酱和料酒放入小碗里调匀（图2）。
4. 炒锅烧热后倒入适量橄榄油，油热后下入肉片（图3）煎至变色，用厨纸将多余油吸掉。
5. 倒入3步中备好的酱汁（图4），小火煮至收汁入味，拌炒均匀（图5），关火。
6. 白煮蛋去壳，切长条形。
7. 案板上铺好一张紫菜，对角线方向铺约2/3长的米饭（一角留出不铺），再铺上豆芽、肉片和鸡蛋（图6），将底部向上翻折，左右搭着紧紧卷起（图7）。
8. 牛奶装杯，加适量蜂蜜调开。紫菜手卷装盘。葡萄装盘。完成（图8）！

贴心小提示

包卷紫菜手卷的时候，需要稍微用力将其卷紧，紫菜本身具有一定的黏性，可以卷得很紧，方便食用。

黄瓜木耳蛋汤套餐

主食 杂粮小馒头
汤粥 黄瓜木耳蛋汤
其他 煮花生

杂粮小馒头

原料：面粉120克，玉米面30克，小米面30克，酵母2克，白糖10克，牛奶120克

黄瓜木耳蛋汤

原料：黄瓜1根，泡发木耳50克，鸡蛋1个
调料：葱花适量，生抽1/2茶匙，盐1茶匙，香油少许

煮花生

原料：新鲜花生1000克
调料：八角4个，花椒20粒，香叶2片，盐2汤匙

头天晚上准备

1. 牛奶和酵母混合均匀，加入白糖搅匀，倒入面粉再次搅匀，最后加入玉米面和小米面，揉成光滑柔软的面团（图1）。
2. 静置发酵至原体积2倍大（图2），取出排气，再次揉圆，覆盖保鲜膜，放入冰箱冷藏。

3. 鲜花生充分洗净，放进大锅中，倒入水使没过花生，加八角、花椒、香叶、盐（图3）。

4. 大火煮开后转小火煮10分钟（图4），关火，闷一晚上入味。

5. 黄瓜洗净。木耳泡发后洗净。

次日早上完成

1. 冰箱里取出发好的面团，排气揉匀，均分成9份（图1）。

2. 逐个揉搓圆（图2），醒发15分钟，放入烧开水的蒸锅中，大火蒸10分钟。

3. 黄瓜切片，木耳撕成小朵，鸡蛋充分打散。

4. 炒锅放油烧热，爆香葱花（图3）。

5. 倒入黄瓜片和木耳翻炒1分钟（图4）。

6. 淋入生抽炒匀，倒入足量的水（图5），水开后转小火煮2分钟，调入盐，转大火。

7. 蛋液中加入少许水打匀。用筷子将锅里的汤搅动起来，淋入蛋液成蛋花（图6），滴几滴香油，略一搅动即可关火。

8. 蒸好的杂粮小馒头盛出。汤盛入碗里。煮好的花生捞出装盘。完成！

贴心小提示

1. 煮花生米不易入味，盐要多放一些。

2. 用老黄瓜做汤，味道更清香。

3. 早上时间不充裕，要是想吃现做的发酵面食，最重要的是控制发酵的时间。我觉得最有把握的做法是先完成一次发酵，排出气体后再放进冰箱冷藏，醒发一晚上。这样的话，面团内部已经布满了发酵产生的气孔，不会出现低温发酵不足的情况，可以更有效地降低酵母的活性。

营养早参考

黄瓜木耳蛋汤这款家常汤提供了充足的水分，具有生津养胃的作用，且含有丰富的优质蛋白质、磷脂、B族维生素、维生素C等营养素。杂粮小馒头充分保留了谷物中的矿物质、维生素等营养，更由于牛奶的加入使得营养价值提高了不少。煮花生富含不饱和脂肪酸、维生素E，对大脑发育尤为有益。

▶▶▶▶

鲜香菌菇
豆腐脑套餐

主食 面鱼

配菜 鲜香菌菇豆腐脑

水果 葡萄

面鱼 做法见本书p.224

鲜香菌菇豆腐脑

原料：盒装内酯
豆腐2盒（约700
克），蟹味菇、白
玉菇各150克，泡
发木耳80克，鸡蛋1个

调料：小葱1根，生抽2汤匙，白糖2茶匙，水淀粉1
汤匙（用1茶匙淀粉加2茶匙水调匀），香油少许

营养早参考

食材的搭配形式可以是丰富多彩的。鲜香菌菇豆腐脑用内酯豆腐为原料，加入了双菇、木耳、鸡蛋，使蛋白质实现互补，更易吸收，多种菇多糖还能增强人体免疫力。面鱼作主食，其别致的外观能增强孩子食欲。酸甜的葡萄是秋季最美味的应季水果之一，能为大脑工作提供充足的葡萄糖。　　▶▶▶▶

头天晚上准备

1.面鱼炸好。

2.木耳泡发，择洗干净。

3.蟹味菇和白玉菇洗净，沥水。

4.葡萄洗净，沥水。

次日早上完成

1.将内酯豆腐用勺子挖出大块儿，放入碗里（图1），上锅，和面鱼一起蒸2~3分钟至热透。

2.小葱切葱花。木耳切细丝。

3.炒锅烧热适量油，下葱花爆香，倒入蟹味菇、白玉菇和木耳，大火炒至水分收干（图2）。

4.倒入生抽（图3）、白糖，炒匀后倒入水没过原料（图4），烧开后小火继续煮5分钟。

5.鸡蛋充分打散。水淀粉调好。

6.将水淀粉淋入锅里，边淋边用锅勺顺一个方向搅动（图5）。

7.汤汁变稠后，再细细地淋入蛋液，边淋边搅动（图6）。

8.关火，点几滴香油搅开，即成"素菌菇卤"。

9.取出蒸好的豆花，将菌菇卤浇在上面即可。

贴心小提示

1. 内酯豆腐跟豆腐脑（也叫豆花）的制作原料和工艺是相同的，所以我们想吃豆腐脑的时候，可以用超市买来的内酯豆腐自己制作，更方便快捷、省时省力，也更干净卫生。

2. 用香菇、木耳、黄花菜等原料来做这个卤子，味道也很好，做法是一样的。

袖珍披萨套餐

主食 袖珍披萨

配菜 清煮西蓝花

汤粥 雪梨银耳豆浆

袖珍披萨（8个蛋挞模的量）

面饼原料：低筋面粉150克，酵母1.5克，牛奶75克，油15克，盐2克，白糖15克
馅料原料：披萨肉酱（做法见本书p.158-159）2汤匙，南瓜50克，马苏里拉奶酪碎60克

清煮西蓝花

原料：西蓝花200克
调料：盐2茶匙

雪梨银耳豆浆

原料：黄豆2/3杯，泡发银耳50克，雪梨50克

营养早参考

　　雪梨、银耳都属于滋阴润燥的食材，同黄豆制成豆浆，养阴润燥效果加倍，既能缓解秋燥，还能补充水分。袖珍小披萨外形可爱，混合了蛋香、肉香、奶酪香味，令孩子无法抵挡。清煮西蓝花这道小菜，能补充胡萝卜素、维生素E、钙质、膳食纤维等，翠绿的色泽诱人胃口大增。 ▶▶▶▶

头天晚上准备

1. 牛奶和酵母混合均匀，倒入油、盐和白糖，搅匀，倒入面粉，揉成光滑柔软的面团，覆盖保鲜膜，发酵至原体积2倍大（图1）。
2. 取出面团，按压排气后分成每个约30克的小剂子，滚圆后松弛5分钟。蛋挞模内壁用纸巾蘸油抹匀（不必太多，抹开就好。图2）。
3. 取1个面团，按扁，放在蛋挞模内（图3）。
4. 双手均匀用力，将其贴紧模壁转着推开推薄（图4）。
5. 也可以先将面团擀开（图5）。
6. 再放入模中贴紧（图6）。全部做好后，给每个都覆上保鲜膜，放入冰箱冷藏松弛一夜。
7. 南瓜洗净，去皮、瓤。西蓝花洗净。黄豆洗净，浸泡一夜。银耳泡发后洗净。雪梨洗净。马苏里拉奶酪从冷冻室取出回温。

次日早上完成

1. 从冰箱取出所有蛋挞模，放入烤盘中，静置略回温。
2. 黄豆再次清洗干净，倒入豆浆机中，加入撕碎的银耳、切成小块的雪梨，倒入水到刻度线，选"五谷豆浆"功能开始工作。
3. 南瓜擦成细丝（图1）。
4. 在蛋挞模内面饼上部扎些小眼儿（图2）。
5. 涂抹上披萨肉酱（图3）。
6. 撒南瓜细丝（图4）。
7. 撒奶酪碎（图5）。烤箱预热至200℃，烤盘放入烤箱中下层，烤10分钟左右至奶酪微微呈焦黄色。
8. 锅里烧开水，调入盐，放入掰成小朵的西蓝花，焯烫1分钟（图6）。
9. 西蓝花捞出装盘。小披萨脱模装盘。煮好的豆浆静置沉淀，倒出清浆装杯，或者直接过滤后装杯。

煎蛋三明治套餐

主食 煎蛋三明治
汤粥 番茄浓汤+猕猴桃果粒酸奶

煎蛋三明治

原料：吐司每人2片，鸡蛋每人1个
调料：盐适量

番茄浓汤

原料：中小西红柿2个，小土豆1个，洋葱1/4个
调料：蒜瓣1个，牛肉汤1小碗，盐1.5茶匙，月桂叶2片，淡奶油50毫升，现磨黑胡椒粉适量

猕猴桃果粒酸奶

原料：自制酸奶100克，猕猴桃1个
调料：蜂蜜适量

营养
早参考

　　番茄浓汤这款充满意式风情的小食，用料考究，浓浓的意式风味能赢得孩子的喜爱，还能提供丰富的维生素和矿物质。煎蛋三明治制作简便，作为主食，除了提供碳水化合物外，还能提供丰富的蛋白质。猕猴桃果粒酸奶，其中的乳酸菌能改善肠道菌群，促进肠道毒素排出。　　▶▶▶▶

头天晚上准备

1.西红柿洗净备用。
2.洋葱去皮洗净，备用。
3.蒜瓣去皮洗净。

次日早上完成

1.西红柿去皮，切小块。洋葱切片。蒜拍一下后切碎。土豆去皮，切片。
2.炒锅烧热，倒入适量橄榄油，先下洋葱和蒜碎（图1），小火炒香。
3.再下土豆片炒半分钟（图2）。
4.倒入西红柿（图3），大火翻炒1分钟。
5.倒入牛肉汤和水，调入盐，放月桂叶（图4），大火烧开后转小火煮10~15分钟，关火，静置5分钟晾凉。
6.煮好的汤倒入搅拌机中搅打成细泥（图5）。
7.将打好的细泥倒回锅里烧开，加入淡奶油，

调入现磨黑胡椒粉，搅拌着煮1~2分钟（图6）。
8.煮汤的同时另起平底锅，加适量油烧热，打入鸡蛋煎好，煎的过程中在蛋表面均匀撒适量盐。
9.吐司片放入烧热的铸铁锅（图7）。
10.中小火略焙一下，至两面酥脆即可（图8）。
11.煎好的鸡蛋夹入两片吐司中，再从中间切开，装盘。番茄浓汤装杯。自制酸奶装入小碗里，调入蜂蜜搅匀。猕猴桃去皮，切成小丁，放在酸奶上，吃时拌开即可。

贴心小提示

1. 牛肉汤可以给浓汤提味儿，如果没有，只加水也可以。总水量适当多一些，不然搅打后再煮出来会太浓。

2. 用铸铁锅焙烤吐司会出现漂亮的横纹，如果没有这种锅，用普通平底锅也可以。

里脊杂粮夹馍套餐

主食	里脊杂粮夹馍
汤粥	牛奶
其他	鲜榨梨汁

里脊杂粮夹馍

原料：面粉100克，酵母3克，牛奶140克，玉米面80克，糯米粉24克，里脊肉1/2条，生菜适量

调料：白糖10克，料酒1汤匙，盐1/2茶匙，生粉1茶匙，油1汤匙，烧烤料、辣酱、甜面酱各适量

鲜榨梨汁

原料：梨1个

头天晚上准备

酵母用10克温水溶开，倒入牛奶搅匀，倒入面粉再次搅匀。

倒入玉米粉和糯米粉。

轻轻拌开，揉成面团。

发酵至原体积2倍大，按压排气，收圆，放入冰箱冷藏过夜。

里脊肉切略厚的片，加入料酒、盐抓匀，加入生粉抓匀，再加入油抓匀，覆盖保鲜膜冷藏过夜。

6.生菜洗净，沥水。梨洗净。

次日早上完成

牛奶倒入小锅中加热。取出面团，先回温一会儿，然后分成6份。

面团揉圆后拍扁，静置松弛15分钟，开水上屉，大火蒸6分钟。

平底锅倒入油烧热，将里脊肉摆放入锅，中火煎至表面微焦。

取出肉片，撒上适量烧烤料拌匀。

5.杂粮饼横剖不切断，内侧抹上甜面酱或辣酱，将生菜和肉夹入。梨切块，放入榨汁机中榨汁，装杯。牛奶装杯。完成！

营养早参考

　　里脊杂粮夹馍是一款充满我国西部风情的主食，不禁让人联想起粗犷豪放的西部人民。这款夹馍的面饼筋道、嚼劲十足，再配上一杯热乎乎的牛奶，最后再来点鲜榨梨汁，既补足蛋白质和维生素、矿物质，又补充了充足的水分以应对秋燥。

▶ ▶ ▶ ▶

蘑菇白酱吐司披萨套餐

主食 蘑菇白酱吐司披萨
配菜 炒小油菜
汤粥 莲子百合豆浆

蘑菇白酱吐司披萨

原料：南瓜吐司3片，猪绞肉120克，香菇60克，杏鲍菇80克，白玉菇50克

调料：洋葱30克，蒜1瓣，黄油25克，白葡萄酒1茶匙，面粉1汤匙，淡奶油50毫升，盐1/2茶匙，现磨黑胡椒粉适量，马苏里拉奶酪60克

炒小油菜

原料：油菜150克
调料：盐1/2茶匙

莲子百合豆浆

原料：莲子10粒，百合20克，黄豆1/2杯，糯米1/5杯

头天晚上准备

1.莲子、百合和糯米一起淘洗干净，加水浸泡一夜。黄豆加水浸泡一夜。
2.香菇、杏鲍菇、白玉菇、油菜分别洗净，沥水。

次日早上完成

1. 倒掉浸泡黄豆的水，将黄豆洗净，倒入豆浆机中，加入莲子、百合、糯米和浸泡的水，补充水到刻度线，选"五谷豆浆"功能开始工作。

2. 所有菇切成小丁。洋葱和蒜分别切碎。炒锅里小火融化10克黄油（图1）。

3. 先将菇粒倒入（图2），煸炒5分钟，至煸干煸软（图3）后盛出。

4. 炒锅洗净，放入15克黄油，小火使之融化，下洋葱和蒜碎煸炒至透明（图4）。

5. 下入绞肉，大火煸炒（图5）。

6. 炒至绞肉变色后淋入酒，炒掉酒味儿后倒入面粉（图6）炒匀。

7. 淋入淡奶油炒匀，倒入水炒匀（图7），煮开。

8. 倒入菇粒（图8），一起煮至浓稠，调入盐、黑胡椒粉，收浓（图9）后关火，即成蘑菇白酱，略放凉。

9. 将酱汁涂在吐司上，撒上马苏里拉奶酪碎（图10），送入预热至200℃的烤箱中层，烤5分钟至奶酪融化即可。

10. 炒锅放少许油烧热，倒入小油菜，大火炒一分钟，调入盐炒匀即可。

11. 煮好的豆浆装杯。吐司披萨装盘。小油菜装盘。完成！

贴心小提示

如果想节省早上的时间，可将蘑菇白酱提前一天晚上炒好（步骤2~8），早上直接用。

 1
 2
 3
 4
 5
 6
 7
 8
 9
 10

营养早参考

莲子、百合能滋阴润燥，健脾养胃，同黄豆制成豆浆，非常适合在秋季早晨食用。蘑菇白酱吐司披萨中含有三种菌菇、淡奶油等，制作考究，风味浓郁，蛋白质、氨基酸含量丰富。炒小油菜这款家常小菜，提供了大量水溶性维生素及膳食纤维，还能促进孩子食欲。 ▶▶▶▶

彩椒培根披萨套餐

主食 彩椒培根披萨
汤粥 牛奶
水果 桃子

彩椒培根披萨（10吋）

饼皮材料：高筋面粉140克，酵母、白糖、橄榄油各1茶匙，盐1/2茶匙

馅料材料：披萨肉酱3汤匙，红黄绿彩椒各1/4个，培根1片，马苏里拉奶酪120克

披萨肉酱

原料：绞肉100克，洋葱40克，蒜1瓣，汉斯意大利面酱1袋（250克）

调料：橄榄油2汤匙，白葡萄酒2茶匙，盐1/4茶匙，现磨黑胡椒粉1/4茶匙

头天晚上准备

1. 酵母溶于95克温水中搅匀。高筋面粉、白糖和盐混合均匀，倒入酵母水，搅匀并揉成面团，加入橄榄油，将油一点点揉入面团中。
2. 取出面团放在案板上，继续揉面，配合摔打面团，至面筋能够延展，收圆入盆，进行发酵（图1）。
3. 待面团发酵至原体积2倍大，按压排气，重新收圆，覆盖保鲜膜，放进冰箱冷藏松弛一夜。
4. 洋葱、蒜分别去表皮，切碎末。锅内加入橄榄油加热，倒入洋葱碎和蒜末，小火煸炒至洋葱透明，加入绞肉（图2）。

5. 大火炒散（图3），淋入白葡萄酒，炒掉酒味儿，倒入汉斯意大利面酱（图4），调入盐和黑胡椒粉，烧沸后转小火不断翻炒（图5）。

6. 炒至汤汁收浓时关火（图6），静置放凉即成披萨肉酱。

7. 红黄绿彩椒分别洗净，沥干。桃子洗净。

次日早上完成

面团从冰箱取出。披萨盘抹油，将面团放在盘中心。

双手慢慢将其均匀在烤盘里推开。

边缘比中心略高，覆盖醒发15~20分钟。

彩椒切开，剔除白筋和肉厚的部分，切成丁。

彩椒丁放在烤盘上，刷橄榄油，送入烤箱，设置200℃烤6分钟，取出放凉。

在披萨饼上均匀抹上披萨肉酱。

撒一层奶酪碎，铺上培根碎和蔬菜碎，再撒一层奶酪，放入烤盘中。

烤箱预热至200℃，烤盘放入烤箱中层，烤10分钟左右即可。牛奶热好，装杯。披萨切件装盘。桃子装盘。

贴心小提示

1. 早上要想吃到现做的披萨，需要很好地计划，尤其是发酵。头一天晚上把面团发一次，然后排气收圆，把松弛的工作留给冰箱，这样，可以保证良性的基础发酵。早上整形后的醒发也很重要，最好比平时早起20分钟，给面团充足的醒发时间，烤好的披萨面饼才会暄软可口。

2. 汉斯意大利面酱属于质量和味道均较好的成品酱，比番茄沙司多了一些异国风味，更适合用来炒披萨酱，方便快捷。这种面酱在大型超市或网店都可以买到。

营养早参考

彩椒培根披萨可提供多种营养素，其中的彩椒富含胡萝卜素、维生素C等，能提高孩子抵抗力，保护视力。配一杯温热的牛奶，一顿早餐吃得舒舒服服。桃子是秋季的应季水果，汁多味甜，可养阴生津。

黑芝麻奶油软饼套餐

主食 黑芝麻奶油软饼
配菜 紫甘蓝鸡蛋沙拉
汤粥 西蓝花浓汤

黑芝麻奶油软饼（做法见本书p.228）

紫甘蓝鸡蛋沙拉

原料：紫甘蓝50克，鸡蛋1个，甜桃1/2个
调料：盐1茶匙，沙拉酱适量

西蓝花浓汤

原料：西蓝花120克，培根1片
调料：蒜1瓣，洋葱20克，面粉1汤匙，淡奶油2汤匙，黄油15克，盐1/2茶匙，现磨黑胡椒粉适量

营养早参考

　　充满西式风情的西蓝花浓汤，其中的维生素E溶于淡奶油中，易被人体吸收。黑芝麻奶油软饼质地松软，作为主食，可提供丰富的碳水化合物。紫甘蓝鸡蛋沙拉中蛋白质、脂肪、维生素含量丰富。整套餐脂肪、热量较高，适宜秋季气温较低的早晨食用。

▶▶▶▶

头天晚上准备

1. 西蓝花洗净。紫甘蓝洗净。桃子洗净。洋葱剥去表皮，洗净。
2. 黑芝麻奶油软饼提前做好。

次日早上完成

1. 紫甘蓝切成很细的丝，泡入加了盐的冰水中
   （图1）。
2. 鸡蛋煮熟。蒜和洋葱分别切碎末。培根切碎。
   西蓝花撕成小朵。
3. 炒锅烧热，放入黄油，小火加热使其融化
   （图2）。
4. 下蒜末和洋葱末炒至变得透明（图3）。
5. 下培根炒至变色（图4）。
6. 倒入面粉（图5），快速炒匀。
7. 淋入淡奶油拌炒匀（图6）。
8. 倒入水（或汤）搅匀（图7）。
9. 大火煮开，小火煮3~5分钟，待汤变稠时加西
   蓝花（图8）。
10. 调入盐、黑胡椒，再煮开后关火（图9）。
11. 煮熟的鸡蛋剥壳，切块。桃子切小块。紫甘蓝
   丝捞出控水。上述材料一起放入碗中，挤沙拉
   酱拌匀。
12. 西蓝花汤略晾至温热，倒入搅拌机中打成浓汤
   （图10），装杯。
13. 黑芝麻软饼用烤箱略烤，至温热即可。

贴心小提示

1. 紫甘蓝丝切得越细口感越好，经冰水泡过后更加脆爽可口。

2. 做浓汤时，需要加入面粉和淡奶油拌炒，此时用手动打蛋器搅拌更易操作。

中医认为，黑色入肾，故黑芝麻糊具有滋肾强筋的功效，还能补充夜间流失的水分。煎蛋培根三明治富含蛋白质、碳水化合物，如果想控制脂肪的摄入量，则可以少放或不放沙拉酱。果粒桂花酸奶，其中的有益乳酸菌能改善肠道菌群环境，促进毒素排出。 ▶▶▶▶

煎蛋培根三明治套餐

主食 煎蛋培根三明治

汤粥 自制黑芝麻糊+
果粒桂花酸奶

煎蛋培根三明治

原料：淡奶小吐司每人3片，鸡蛋每
人1个，培根2片，生菜适量

调料：沙拉酱适量

自制黑芝麻糊

原料：熟黑芝麻60克，白糖40克，糯米粉20克

果粒桂花酸奶

原料：酸奶每人150毫升，甜桃适量

调料：糖桂花适量

头天晚上准备

生菜和桃子分别清洗干净，沥水。

次日早上完成

1. 黑芝麻、白糖和糯米粉一起装入搅拌机的湿磨杯中，搅打细腻（图1）。
2. 打好的黑芝麻稠糊倒入小锅中（图2），加入约500毫升水，煮开后转小火，再煮5分钟，关火。
3. 培根一切为二。平底煎锅烧热，放入培根，旁边放少许油，打入鸡蛋煎制（煎鸡蛋需要有少许油，培根可直接放在锅里煎。图3）。

4. 煎至培根两面变色、微焦时取出。剩下的煎蛋淋入几滴水，盖上锅盖（图4）焖煎至熟。
5. 小吐司入烤箱，设定150℃烤3分钟，取出，内侧抹适量沙拉酱，上面依次摆放生菜、培根、吐司、生菜、煎蛋、吐司。酸奶装碗，拌入糖桂花，放上切成小块的桃子。黑芝麻糊装杯。完成！

贴心小提示

1. 如果用的是生芝麻，需要提前烤熟或用干锅焙熟。
2. 黑芝麻糊装杯前最好能过下筛子，口感更细滑。

 浓汤黄桃派套餐

主食	黄桃派
汤粥	南瓜浓汤
水果	石榴

黄桃派

原料：低筋面粉125克，黄油60克，蛋黄10克，黄桃罐头250克，黄桃罐头汁100克

调料：白糖60克，盐2克，柠檬汁18克，玉米淀粉6克

南瓜浓汤

原料：南瓜泥200克

调料：橄榄油（或黄油）15克，洋葱15克，面粉2汤匙，淡奶油2汤匙，盐1/2茶匙，现磨黑胡椒粉适量

营养早参考

南瓜中含丰富的胡萝卜素、碳水化合物，能解秋燥、健脾胃。自制黄桃派利用了成品桃罐头、柠檬汁，制作方便，口感酸甜，能增强孩子食欲，并提供充足的碳水化合物和维生素等。石榴性温味酸，是秋季的应季佳果，符合秋季宜多食酸的原则，可以适量食用。

▶▶▶▶▶

头天晚上准备

1. 面粉和22克白糖一起过筛。黄油切成小丁。
2. 蛋黄加盐和31克冷水搅打匀。
3. 黄油丁加入筛好的白糖面粉中，用刮板像切菜一样切匀，再下手轻轻搓和均匀，直至呈粗玉米粉状。
4. 倒入图2中调好的蛋黄盐水。
5. 轻轻切拌均匀。
6. 团成面团，装入保鲜袋中，拍扁，送入冰箱冷藏一夜。
7. 取出罐头里的黄桃，切入成5毫米厚的片。
8. 罐头汁倒入小锅中，加入38克白糖，放入柠檬汁，小火加热至沸腾。
9. 玉米淀粉加15克水调匀，倒入锅里。
10. 边搅拌边煮至芡汁变得浓稠，离火，倒入黄桃片混合均匀，备用。
11. 南瓜去皮、瓤，切成薄块，放入蒸锅内蒸至熟烂，放凉后装进保鲜袋中，按压或敲打成泥。石榴剥壳取粒，装入碗里，用保鲜膜包好。

1. 案板上铺一张保鲜膜，取出冷藏的面团放于其上，上面再铺一层保鲜膜（可避免面团粘在案板和擀面杖上），轻轻均匀擀开擀薄。揭掉上层保鲜膜，用派模比一下，切出比派模边缘略大一点的派皮（图1）。

2. 将派皮盖在派模里，用手轻轻将派皮边缘与模具贴合（图2）。

3. 最后用刮板贴着派模边缘，切掉多余的派皮（图3）。

4. 中间填入处理好的黄桃片，可以摆放2~3层（图4）。做好的黄桃派生坯放入烤盘中。

5. 烤箱预热至200℃，将烤盘放入烤箱下层，烤20分钟至上色均匀，此时派边可见微微离开模子。

6. 洋葱切碎。炒锅烧至温热，倒入橄榄油，放入洋葱碎，小火慢慢煸炒至微焦黄（图5）。

7. 倒入面粉，快速搅拌着炒匀（图6）。

8. 分几次淋入淡奶油（图7），再次快速炒匀（图8）。

9. 倒入南瓜泥拌炒匀，倒入汤或水，搅匀后小火煮15分钟左右（图9），调入盐和黑胡椒粉，煮至汤变浓稠即可关火。

10. 浓汤倒入碗中，表面随意淋少许淡奶油装饰。烤好的黄桃派装盘。石榴装入小容器中。

 贴心小提示

1. 黄桃片提前用厚艾汁儿裹匀，不仅可以让口感更丰富，还可以包裹住黄桃的水分，不会烤干，也不会浸湿派皮。艾汁分量较少，煮的时候一定要慢火操作，防止煮干。

2. 往派皮里填料时，注意不要带入太多汤汁。

PART 4

暖在胃 暖在心

冬季营养早餐 (24套)

NUAN ZAI WEI NUAN ZAI XIN
DONGJI YINGYANG ZAOCAN

冬季早餐 营养对策
Dongji Zaocan Yingyang Duice

> 我国民间的传统是冬季进补，其实所谓"补"，并非要吃什么高级食材，只要饮食合理，膳食平衡，就是最好的补养。尤其对于孩子们来说，他们的身体正处于生长发育期，多数体质并不虚弱，只要调理好日常饮食，加强锻炼，就足以让他们安然过冬。

一 热粥热汤

冬天的早餐一定要热食，热乎乎的粥仍然是首选。粥是最适合孩子的肠胃功能的，容易消化吸收，可以变换花样，而且营养丰富。另外，各种糊、浆、汤、面等，热乎乎地吃一碗，都足以补充热量。

二 补充高蛋白高脂肪食物

冬天时口味偏重，过于清淡的早餐会让孩子快速消化，饿了就会觉得冷，影响一上午的学习和活动。所以，冬季早餐可以适当多摄入一些肉类、奶类、蛋类等。

三 补充维生素

蔬菜中含有多种维生素，还有很多矿物质，属于碱性食物，尤其是冬天摄入高蛋白、高脂肪类食物之后，如果不吃蔬菜，就容易酸碱失衡，久而久之，容易导致疲倦、注意力不集中等。这样的话，即使吃了早餐，也不利于孩子的身体。

四 豆类补益，加点坚果

豆类食物不仅可补充维生素和植物蛋白，还因为它含有赖氨酸，可以和富含蛋氨酸的谷类食物互补。

坚果可补肾益智，还可以很好地提高早餐的质量。

海苔蛋碎粥套餐

主食 油条
配菜 五香酱牛肉
汤粥 海苔蛋碎粥
水果 橘子+蓝莓

油条 做法见本书p.224

五香酱牛肉 外购

海苔蛋碎粥

原料：大米120克，鸡蛋2个，
日式海苔料适量
调料：盐1/2茶匙

头天晚上准备

1. 大米淘洗干净，倒入电压力锅中，加适量水，选择预约煮粥方式煮粥。
2. 蓝莓洗净，沥水。
3. 五香酱牛肉酱好。
4. 油条炸好。

次日早上完成

1. 油条热一下。酱牛肉切片装盘。
2. 鸡蛋充分打散，加入盐搅匀。
3. 锅烧热，倒入适量油烧热，倒入鸡蛋液，用筷子快速搅散成蛋碎（右图）。
4. 粥盛入碗里，放入蛋碎和海苔料碎，吃时拌开。蓝莓、橘子装盘。完成！

营养早参考

　　我国民间普遍认为，粥是养人之物，更是冬季早餐不可缺少的一道良品。海苔蛋碎粥是在大米粥的基础上，增加了蛋碎、海苔，即增加了优质蛋白质、卵磷脂、铁、碘等营养素，有助于孩子的智力发育。酱牛肉风味独特，其所含的蛋白质容易被人体吸收利用。整套餐蛋白质、脂肪含量较高，能提供充足的热量，帮助孩子抵御冬日寒冷。橘子、蓝莓也是应季水果，能提高抵抗力，帮助孩子对抗感冒病毒。

▶▶▶▶

豆沙包 做法见本书p.229

西蓝花里脊木耳炒蛋

原料：西蓝花120克，里脊肉100克，鸡蛋3个，泡发木耳80克
调料：生抽3茶匙，料酒2茶匙，生粉1茶匙，葱花适量，料酒1茶匙，盐1茶匙，香油少许

大米粥豆沙包套餐

主食　豆沙包
配菜　西蓝花里脊木耳炒蛋
汤粥　大米粥
水果　红提

大米粥

原料：大米75克

营养
早参考

　　大米粥是最简单的家常粥，主要提供碳水化合物、水分等，能帮助身体补充夜间流失的水分。豆沙包松软可口，能提供碳水化合物、铁质等营养素。西蓝花里脊木耳炒蛋，含蔬菜、菌菇、鸡蛋、肉四类食材，搭配合理，营养均衡，提供孩子生长所需的必需氨基酸、维生素、钙、铁、锌等营养素。红提富含葡萄糖、有机酸、多种维生素等，能提高免疫力，帮助孩子抵抗长时间学习带来的疲劳感。

▶▶▶▶

头天晚上准备

1. 大米淘洗干净，倒入电压力锅中，加入足量的水，选"煮粥""预约定时"功能煮粥。
2. 木耳泡发后洗净，撕成小朵。西蓝花洗净，沥水，掰成小朵。
3. 里脊肉切片，加料酒、生抽、生粉抓匀，腌制。
4. 红提洗净，沥水。
5. 豆沙包蒸好。

次日早上完成

1. 豆沙包放入蒸锅中加热。鸡蛋打散，加入1/2茶匙盐充分搅匀。里脊肉里淋入少许油抓开（防止炒时粘连在一起）。
2. 炒锅放油烧热，倒入蛋液，大火快速炒至八成熟，盛出。
3. 锅底补充适量油，烧热后倒入肉片。
4. 快速炒开，见肉片变色时加入葱花炒香。

5. 淋入料酒、生抽，炒匀。
6. 倒入西蓝花、木耳，调入1/2茶匙盐，翻炒2分钟。
7. 最后倒入炒好的鸡蛋，翻匀，关火，点少许香油翻匀即可。
8. 煮好的粥盛碗，炒蛋装盘，取出豆沙包，摆上红提。完成！

绿豆粥小窝头套餐

香甜小窝头

原料：细玉米面120克，豆面60克，小苏打1克，白糖10克，糖桂花15克

二米绿豆粥

原料：大米50克，小米50克，绿豆30克

茼蒿炒蛋

原料：茼蒿200克，泡发木耳80克，鸡蛋3个

调料：葱花适量，盐1/2茶匙，生抽1茶匙，香油少许

营养
早参考

冬季饮食宜清淡，不宜进食过咸的食物，以免给肾脏带来过多负担。一碗清淡的粥、一盘家常的茼蒿炒鸡蛋，再配上可爱的香甜小窝头，一顿热乎乎的传统的中式早餐就Ok了。孩子吸收了最天然的营养，自然能够健康成长。

头天晚上准备

1. 大米、小米和绿豆一起淘洗干净，放入电压力锅中，倒入适量清水，选择预约煮粥方式煮粥。
2. 茼蒿洗净，沥水。木耳泡发，洗净，沥水。
3. 玉米面、豆面、白糖、小苏打充分混合均匀，倒入120克温水搅匀，再加入糖桂花，混合均匀成偏软的面团（图1）。
4. 将面团搓成长条，切成约20克的剂子，逐个轻轻揉光滑（图2）。
5. 光滑面朝外，拇指稍蘸点儿水从底部戳进一个窝，边转圈边捏，将边缘捏得厚薄一致（图3）。
6. 纱布浸湿后挤掉水分，铺在笼屉底部，将做好的生坯逐个摆入屉中（图4）。开水上屉，大火蒸10分钟即可。晾凉后放入冰箱冷藏备用。

次日早上完成

1. 小窝头放入蒸锅中加热。木耳切碎。葱花切碎。茼蒿切小段。鸡蛋打散，加入1/4茶匙盐，充分搅打匀。
2. 锅中小火加热适量油，放入葱花炒香。
3. 锅中放入木耳碎，炒1分钟。
4. 倒入茼蒿段。
5. 调入剩下的盐、生抽，炒匀，倒入蛋液。
6. 把火开大些，不断翻炒。
7. 炒至蛋碎均匀裹住菜碎时关火，淋少许香油炒匀。
8. 煮好的粥盛入碗中。小窝头、茼蒿炒蛋分别装盘。完成！

贴心小提示

1. 茼蒿可以生吃，所以下锅炒时也很容易熟，不要炒太久。

2. 确保木耳无水分再下锅，不然容易水油四溅而伤到人。

100分菠菜素盒子套餐

主食	100分菠菜素盒子
汤粥	糙米粥
其他	苹果汁

100分菠菜素盒子

原料：烫面团240克，菠菜150克，泡发木耳60克，鸡蛋2个，韭菜60克，虾皮10克

调料：盐3/4茶匙，油2汤匙，香油1茶匙

糙米粥

原料：大米75克，糙米30克，花生20克

苹果汁

原料：红富士苹果2个

头天晚上准备

1. 制作烫面面团(具体做法参见本书p.74)，和好后用保鲜袋装好，放入冰箱冷藏。
2. 菠菜、韭菜分别择洗干净，沥水。木耳泡发后洗净，沥水。
3. 大米、花生和糙米一起淘洗干净，放进电压力锅中，倒入适量水，选择预约功能煮粥。
4. 苹果洗净，沥水。

营养早参考

糙米粥粗细搭配合理，能滋阴清热、健脾补虚。木耳滋阴补肾，尤其适合冬季食用，同菠菜、鸡蛋等制成菠菜盒子，营养搭配极为科学合理。鲜榨苹果汁含丰富的果糖、维生素等，能迅速补充血糖，保证孩子精力充沛。

▶ ▶ ▶ ▶

次日早上完成

1. 菠菜放入开水锅中焯烫1分钟（图1），捞出过凉水，挤掉水分，切碎。
2. 炒锅内倒入1汤匙油烧热，下菠菜碎，小火翻炒2分钟去水气（图2），调入1/4茶匙盐，炒匀盛出。
3. 蛋液充分打散，木耳、韭菜、虾皮切碎。
4. 炒锅擦净，倒入1汤匙油烧热，转小火，倒入蛋液，用筷子快速搅动着炒（图3）。
5. 待半熟时倒入木耳碎、虾皮碎、韭菜碎和菠菜碎，调入盐，快速炒匀，关火，淋入香油炒匀成馅（图4）。
6. 将烫面团均分成15个小剂子，取2个小剂子擀开成圆形薄皮（图5）。
7. 在一张皮上放上馅儿（图6），另一张皮扣于其上，边缘捏紧，右手食指和大拇指在边缘捏上花边儿（图7）。
8. 取1个小剂子，擀成薄薄的椭圆形，放上馅儿（图8），像包包袱一样包起来（图9），收紧成1个长棍形（图10）。
9. 电饼铛上下面刷油，油热后放入饼坯，1个长棍形和2个圆盒子刚好凑个"100"的形状（图11），煎至两面呈金黄色。
10. 苹果切块，榨汁。粥盛入碗中。100分菠菜素盒子装盘。完成（图12）！

贴心小提示

上了学的孩子，每个学期都会面临期中和期末考试。考试时给孩子做这样一顿早餐，并不是因为我们特别看重分数，只是想给孩子提供一份既提神，又营造出一个充满祝福氛围的早餐，让孩子吃下一份好心情，信心满满地去迎接考试。

萝卜素蒸包套餐

主食 萝卜素蒸包
汤粥 紫薯杂粮粥
水果 火龙果

萝卜素蒸包

原料：面粉150克，青萝卜200克，洋葱60克，粉丝15克，鸡蛋2个

调料：盐3/8茶匙，姜末1/2茶匙，虾皮粉1/2汤匙，香油1茶匙，植物油适量

紫薯杂粮粥

原料：紫薯80克，大米100克，高粱米20克，玉米糁30克

调料：冰糖3~4块

头天晚上准备

1 面粉中边冲入108克沸水边搅匀，揉成烫面面团，覆盖松弛。

2 青萝卜清洗干净，用擦子擦成丝。

3 锅中烧开水，放入粉丝，焯煮2分钟，捞出投入凉水里。

4 锅中继续倒入萝卜丝，焯煮2分钟，捞出过凉后切碎。

洋葱切碎，鸡蛋打散。炒锅放油烧热，倒入洋葱碎，小火炒至透明。

调入1/8茶匙盐，倒入蛋液炒碎，炒至八分熟时关火，放凉。粉丝捞出沥水，切碎，和萝卜碎、洋葱蛋碎一起放入盆里。

调入姜末、虾皮粉、1/4茶匙盐、1茶匙植物油和香油，拌匀成馅。

取出烫面面团搓成长条，分切成每个约30克的小剂子，擀开，包入萝卜馅。

先对折，中间捏合。

再从两边各向内打2个褶子。

捏紧，整理好形状。

依次做完所有包子生坯，放入保鲜盒，冷藏保存。

13.大米、高粱米、玉米糁淘洗干净，放入电压力锅中。紫薯洗净，去皮，切成小丁，也放入锅中，倒入足量的水，放入冰糖，选定时预约方式煮粥。

次日早上完成

1.蒸锅烧开水，将萝卜素蒸包放入铺好干净纱布的笼屉中，加盖，上汽后大火蒸8~10分钟。
2.盛出煮好的粥。火龙果切片，装盘。包子装盘。完成！

贴心小提示

1. 萝卜素蒸包是用烫面面团做皮，没有发酵的麻烦。馅料经过上述处理，即使放置过夜也不会渗出汤浸湿面皮，因此可以头天晚上包好，第二天早上一蒸就好，省时方便。

2. 青萝卜也可以换成白萝卜或者胡萝卜。

营养早参考

紫薯杂粮粥融合了薯类、谷类两类食材，提高了蛋白质吸收利用率。萝卜素蒸包用料清淡，主要提供了碳水化合物、蛋白质、膳食纤维。火龙果富含葡萄糖、花青素，能迅速补充体力、抗疲劳，尤其适合早晨锻炼后食用。

蛋煎馄饨套餐

主食 蛋煎馄饨
汤粥 小米粥

蛋煎馄饨

原料：馄饨约10个，鸡蛋1个
调料：小香葱1根，盐少许

小米粥

原料：小米60克

营养早参考

小米粥是传统的益气补虚的佳品，身体瘦弱的孩子可以适当多食。早晨喝一碗小米粥还能补水、健脾养胃。蛋煎馄饨，创意性地将蛋饼跟馄饨合而为一，诱人食欲。

▶ ▶ ▶ ▶

头天晚上准备

1. 小香葱择洗干净。
2. 馄饨包好，做法见本书p.46–47（也可以在馄饨店买做好的馄饨生坯），放入冰箱冷冻室冷冻保存。

次日早上完成

1. 小米淘洗干净。锅里烧开足量的水，水沸后倒入小米，大火煮开后转小火煮10~15分钟。
2. 鸡蛋磕入碗中打散，加入切碎的香葱，调入少许盐，搅打匀。
3. 小煎锅烧热，淋少许油，摆放入馄饨生坯，中小火略煎。
4. 倒入水到1/2馄饨的高度，马上盖上锅盖。
5. 煎煮到还剩一薄层水的时候，倒入蛋液。
6. 盖上锅盖，小火将蛋烘熟，装盘。小米粥煮到有点黏稠感时关火，盛入碗中。完成！

贴心小提示

1. 馄饨从冰箱冷冻室取出，可以直接用。

2. 第5步中如果蛋饼底部上色快，而表面还没凝固，可以顺锅边儿淋少许水，再盖盖儿继续烘熟。

花生芝麻
脆锅饼套餐

主食 花生芝麻脆锅饼
汤粥 菠菜香菇鸡肉粥

花生芝麻脆锅饼

原料：烫面面团（做法见本书
p.74）120克，花生80克，熟芝麻
40克，白糖40克

菠菜香菇鸡肉粥

原料：菠菜100克，鲜香菇5朵，
鸡腿1只，熟米饭250克
调料：盐3/4茶匙，料酒1茶匙，生
粉1茶匙，姜1片，胡椒粉适量

 头天晚上准备

花生入烤箱，以120℃烤20分钟，
取出放凉，搓掉皮，和熟芝麻一起
放进搅拌机干磨杯中。

打成碎粉。

鸡腿去骨、去皮，切成小丁，调
入1/4茶匙盐、料酒和生粉，抓匀
后放入冰箱冷藏过夜。

4.菠菜洗净，沥水。香菇洗净，沥水。米饭蒸熟。和好烫面面团。

次日早上完成

1. 取出鸡丁，淋点儿油抓匀。姜切成细丝，香菇切成片。
2. 炒锅里放油烧热，放入姜丝（图1）。
3. 倒入鸡肉丁，翻炒至变色（图2）。
4. 放入香菇炒匀（图3）。
5. 倒入足量的清水（图4）。
6. 烧开后撇掉浮油和杂沫（图5）。
7. 倒入米饭，烧开后转小火，继续煮15~20分钟（图6）。
8. 另起锅烧开水，放入菠菜焯烫一下，捞出用凉水冲洗，攥掉水分，切碎。
9. 烫面面团分3份，分别擀成尽量薄的圆形饼皮（图7）。
10. 花生芝麻粉中加入白糖，混合均匀成馅料。
11. 平底锅加热，淋入少许油转匀，放入薄饼皮，小火加热，在饼皮中间位置放上花生芝麻馅（图8）。
12. 将饼皮从4个方向折叠上来，将馅料包在里面（图9）。
13. 包成1个方形，用锅铲压住折起的部分帮助定型（图10）。
14. 然后轻轻翻面，再略煎定型（图11）。
15. 粥煮至见变稠、米粒软烂时，加入菠菜碎（图12），调入剩下的盐和少许胡椒粉，再煮1分钟即可。
16. 粥装碗。锅饼切开，装盘。

营养
早参考

香菇、鸡肉是一对好搭档，二者合用能健脑益智、强筋壮骨，再同菠菜熬煮成粥，更能益气补虚。一碗热粥下肚，浑身都会觉得暖洋洋的。花生芝麻脆锅饼香甜可口，既可提供大脑运转所需的葡萄糖，还能益智健脑。

豆沙核桃吐司套餐

主食 豆沙核桃吐司
汤粥 肉末菜粥

豆沙核桃吐司

原料：吐司3~6片，核桃3~6个，豆沙适量

调料：蛋液适量

肉末菜粥

原料：菠菜100克，绞肉100克，熟米饭200克

调料：姜1片，料酒1茶匙，生抽1茶匙，盐1/2茶匙

营养早参考

　　一碗热气腾腾的粥，能为寒冷的冬季早晨增添一份温暖。肉末菜粥采用了菠菜这种绿叶蔬菜，能提供胡萝卜素，有益孩子视力健康。豆沙核桃吐司，其中的核桃、鸡蛋富含蛋白质、不饱和脂肪酸、卵磷脂等，能健脑益智，抗疲劳，豆沙加核桃的味道还很别致哦！

▶▶▶▶

头天晚上准备

1.米饭蒸熟。
2.菠菜洗净，沥水。
3.核桃剥壳取仁，入烤箱以120℃烤约20分钟（或放入空气炸锅中，以150℃炸约15分钟）。

次日早上完成

1.锅里加入足量水，倒入熟米饭，大火煮开后转小火煮10~15分钟（图1）。
2.另起锅烧开水，放入菠菜焯烫1分钟（图2），捞出冲凉，挤掉水分，切碎。姜切细丝。
3.炒锅放油烧热，放入肉末炒至变色（图3），加入一半姜丝，调入料酒、生抽，炒至变干，放入煮稠的粥里。
4.加入剩下的姜丝，调入盐，再煮5分钟。待粥稠度合适、米粒软烂时加入菠菜碎（图4），再煮1分钟，关火。
5.吐司切掉四边（图5），用擀面杖擀压成薄饼（图6）。
6.在一端放上豆沙、核桃（图7），紧紧地卷起（图8）。
7.接口处涂些蛋液帮助粘合（图9）。
8.全部做好后在表面刷满蛋液（图10），放入烤盘中，置于烤箱中层，以200℃烤至表面金黄、外酥内软。也可放入空气炸锅中，以180℃炸8分钟左右。
9.菜粥装碗中。吐司卷装盘。完成！

贴心小提示

　　1. 吐司擀压后更方便操作，容易卷起且不开裂。

　　2. 喜欢吃生核桃的孩子，可以省掉烤核桃仁这一步。

　　3. 多吃核桃对孩子有好处，但不同品种的核桃味道会有差异，孩子不吃不一定是他不爱核桃，很有可能是妈妈没选对核桃的品种，我的亲身经验哦，为了孩子，妈妈们多尝试吧~

火腿糍粑煎糕套餐

主食 火腿糍粑煎糕

汤粥 青菜蛋花汤

火腿糍粑煎糕

原料：糯米200克，火腿2片，小葱2根

调料：盐1/4茶匙

青菜蛋花汤

原料：小白菜（或其他绿叶菜）120克，海米20克，泡发木耳50克，鸡蛋1个

调料：料酒1茶匙，姜丝适量，水淀粉1汤匙，盐1茶匙，香油1茶匙

营养早参考

　　火腿糍粑煎糕，用油煎过后热量增加，能提供较多的碳水化合物、脂肪，适合在身体热量消耗大的冬季食用。青菜蛋花汤是一款鲜香清爽的家常汤，青菜可解油腻，促进消化，提供多种维生素。

▶▶▶▶

头天晚上准备

1. 糯米淘洗干净，提前浸泡（图1），要泡10小时以上。倒掉浸泡的水，将糯米上锅蒸40分钟，中途翻一翻，淋点水，防止蒸得太干。
2. 取出蒸好的糯米，准备1个石臼（图2）。
3. 少量多次地将糯米放入石臼中（图3），捣成糍粑糕。石杵蘸白开水后再捣可以防粘。
4. 做好的糍粑糕中加入切碎的小葱和火腿（图4），调入盐，和匀成团。
5. 案板上刷油，放上火腿糍粑米糕，整理成长方形状，切成厚片（图5）。
6. 切好后（图6）覆盖保鲜膜保存过夜，室温高的话要放入冰箱。
7. 青菜洗净，沥水。木耳泡发后洗净，撕成小碎片。

次日早上完成

1. 炒锅放油烧热，转成小火，放入姜丝和海米炒一下，淋入料酒，大火炒掉酒味儿后倒入足量的水，烧开后放入木耳，煮2分钟，撇掉浮沫。
2. 青菜切碎，放入锅中，调入盐，转大火。
3. 淋入水淀粉搅开，煮1分钟。
4. 鸡蛋磕入碗中，充分打散，淋入锅中搅开，关火，淋入香油，轻轻搅匀。
5. 平底锅加热，加少许油转开，放入火腿糍粑糕，中小火煎至两面金黄，盛出装盘。
6. 青菜蛋花汤盛出装碗。完成！

 肉蒸蛋套餐

黑芝麻馒头（做法见本书p.134）

花生米乳

原料：花生50克，大米50克
调料：冰糖4块

肉蒸蛋

原料：猪绞肉150克，胡萝卜35克，卷心菜40克，鸡蛋3个

调料：料酒1茶匙，生抽1茶匙，老抽1/2茶匙，蚝油1.5茶匙，胡椒粉少许，香油1茶匙，生粉1汤匙，盐1/4茶匙

头天晚上准备

1. 蒸好黑芝麻馒头。
2. 大米淘洗净，浸泡一夜。花生放入烤箱中，以120℃烤20分钟。也可用干锅炒熟花生，或放入空气炸锅以150℃炸15分钟（图1）。
3. 至能轻松捻掉花生皮即可，取出放凉（图2）。
4. 花生脱皮后放入搅拌机干磨杯，打成细碎的花生粉（图3），备用。
5. 猪绞肉中加入料酒、生抽、老抽、蚝油、胡椒粉，少量多次地淋入水，至能拌开即可，加入香油拌匀（图4），最后加淀粉拌匀，覆盖保鲜膜冷藏一夜。
6. 卷心菜和胡萝卜分别洗净，沥水。

次日早上完成

1. 胡萝卜擦成细丝，切碎。卷心菜切碎，与胡萝卜碎一起加入肉馅中，调入盐拌匀（图1）。
2. 取3个蒸碗，把调好的肉馅装入碗里，整理一下，中间留出1个窝，打入鸡蛋（图2）。
3. 蒸锅水烧开，将蒸碗盖上盖子，放入蒸屉中，旁边放入黑芝麻馒头，中火蒸10分钟左右，至蛋黄微硬（或孩子喜欢的程度）即可。
4. 将泡好的大米连同水一起倒入搅拌杯中，打好的花生粉也一起倒入（图3），搅打成细腻的米浆（图4）。
5. 米浆倒入锅中，补充足量的水（米浆煮开后会变稠，所以要适量加水），加入冰糖，煮开后继续搅拌着小火煮10分钟左右（图5）。
6. 肉蒸蛋蒸好出锅。黑芝麻馒头出锅。花生米乳装杯。完成（图6）！

营养早参考

《黄帝内经》中有"五谷为养"的说法，花生米乳、黑芝麻馒头所用之食材，都属于"五谷"之列。借助于自动豆浆机制作花生米乳，操作简便速度快，能提供丰富的不饱和脂肪酸、碳水化合物等。黑芝麻馒头中由于牛奶的加入，使馒头的营养价值提高，补益效果更好。肉蒸蛋提供了丰富的优质蛋白质，能增强饱腹感，保证孩子上午精力充沛。

▶ ▶ ▶ ▶

 肉末青菜抻面套餐

主食 肉末青菜抻面
汤粥 红枣银耳羹

肉末青菜抻面

原料：面粉250克，猪绞肉100克，油菜150克
调料：葱花、姜丝各适量，盐2克，料酒2茶匙，生抽2茶匙，鸡汤250毫升，盐1茶匙，香油少许

红枣银耳羹

原料：干红枣20颗，银耳1大朵
调料：冰糖40克

头天晚上准备

1.取2克盐溶于150克水中，倒入面粉中，充分揉匀成光滑的软面团，装入保鲜袋冷藏过夜。
2.银耳泡发，择洗干净，撕成小朵，放入电压力锅中。干红枣洗净，也放入锅中，倒入没过原料的水，加入冰糖，选择预约煮粥。
3.油菜洗净，沥水。

次日早上完成

1.取出冰箱里的面团，略回温。
2.案板上面铺薄薄一层面粉，将面团擀开成长方形（图1），切成约2厘米宽的条（图2），覆盖保鲜膜松弛10分钟。
3.炒锅烧热油，倒入肉末，大火炒至变色，下葱花、姜丝（图3）。
4.淋入料酒、生抽翻炒（图4）。
5.倒入鸡汤和足量的水（图5），大火烧开。
6.水沸后撇掉表面的油和浮沫（图6）。
7.将面条逐个抻长抻薄（图7），投入锅里（图8），最后一根面片入锅后再煮1分钟左右，加入切小段的油菜（图9），调入盐，煮1分钟，关火，点少许香油。
8.红枣银耳羹盛入碗里，汤面装碗（图10）。完成！

营养
早参考

　　肉末青菜抻面容易消化，口感爽滑，制作简单，能节省本来就紧张的制作早餐时间。在早晨，汤水是不能少的，能润滑肠胃，促进消化，补充体液。香甜的红枣银耳羹，富含维生素C、银耳多糖，能增强孩子免疫力，帮助对抗感冒。

▶▶▶▶

小白菜烫面包
套餐

主食 小白菜烫面包
汤粥 栗子百合浆
水果 砂糖橘

小白菜烫面包

原料：面粉110克，小白菜140克，韭菜50克，猪绞肉100克
调料：姜末1/2茶匙，葱末10克，料酒1茶匙，生抽1茶匙，甜面酱1汤匙，五香粉1/4茶匙，香油1茶匙，盐1/2茶匙，油1/2汤匙

栗子百合浆

原料：栗子10颗，百合30克，糯米1/3杯
调料：白糖适量

头天晚上准备

面粉中均匀冲入86克沸水，边冲边快速搅匀，揉成面团，放入保鲜袋中，放入冰箱冷藏。

猪绞肉中加入姜末、葱末、料酒、生抽、甜面酱、五香粉，少量多次地淋入清水搅匀。

最后淋入香油搅匀，覆盖保鲜膜，冷藏一夜。

小白菜和韭菜分别择洗干净。百合洗净，浸泡一夜。糯米洗净，浸泡一夜。

次日早上完成

1. 百合、栗子、糯米倒入豆浆机中，放入白糖，补充水到刻度线，选"米糊"功能开始工作。
2. 小白菜和韭菜切碎（图1），拌入肉馅中，调入盐和油，拌匀（图2）。
3. 将面团揉搓成长条，切分成每个约30克的小剂子，逐个擀开擀薄，包入馅，对折（图3）。
4. 由一端开始左右提褶儿捏成麦穗包（图4），放入铺有干净纱布（浸湿后微拧干）的笼屉中，开水上锅，大火蒸15分钟。
5. 打好的米糊静置一会儿，倒出上层细浆，装杯。烫面包出锅，装盘。砂糖橘装盘。完成！

贴心小提示

1. 这种烫面小包子可以趁有空的时候多包一些，包好后直接冷冻起来，早上现取现蒸就方便多了。

2. 如果没有新鲜栗子，可以用糖炒栗子代替。

营养早参考

栗子富含碳水化合物、脂肪酸、钙、铁、锌等营养素，具有滋阴养肾、强筋骨、壮腰膝的补益功效，尤其适合在冬季食用，将其跟滋阴润肺、安心宁神的百合同用，孩子饮用能增强体质。小白菜烫面包是传统口味的主食，质地松软，咸鲜适口。砂糖橘是冬季应季水果，甜度高，能迅速补充葡萄糖，保证孩子学习时精力充沛、注意力集中。▶▶▶▶

 鲜藕菜饼套餐

鲜藕菜饼

原料：莲藕250克，胡萝卜90克，青椒38克，培根15克，鸡蛋1个，低筋面粉40克，玉米淀粉20克
调料：盐1/2茶匙，香油1茶匙，黑胡椒粉1/4茶匙

紫薯银耳豆浆

原料：紫薯80克，黄豆2/5杯，糯米1/5杯，泡发银耳50克
调料：白糖适量

5

翻拌均匀后倒入剩下的蛋白霜中。

6

翻拌均匀，装入纸杯，送入165℃预热好的烤箱中层，烤20分钟后取出，倒扣放凉。

7

洋葱切碎。锅中放油烧热，倒入洋葱，加1/4茶匙盐，小火煸炒至透明，关火。

8

猪绞肉中加入姜末、料酒、生抽、鸡蛋，顺一个方向搅打均匀。

9

加入煸炒过的洋葱（炒洋葱的油留在锅里备用）打匀。

10

加入1/4茶匙盐，不断摔打5分钟使肉起黏性。

11

最后加入生粉，再摔打均匀，覆盖保鲜膜冷藏保存。

12

开花糖馒头蒸好，冷藏备用。

次日早上完成

1. 糖馒头放蒸锅中加热。白玉菇、蟹味菇和小油菜分别洗净，沥水。
2. 将煸过洋葱的底油加热，放入白玉菇和蟹味菇煸炒（图1）。
3. 炒至水分散掉，倒入足量水大火煮开（图2），转小火煮10分钟。
4. 另起一锅，烧开水，转最小火。将肉馅用手的虎口处挤出肉丸（图3）。
5. 放入开水锅中余至变色浮起，捞出（图4），放入煮蘑菇的汤中，再煮3分钟，调入胡椒粉、1茶匙盐，煮1分钟。
6. 加入油菜（图5），关火，点入香油即可。
7. 馒头出锅。肉丸汤盛入碗里。蛋糕和橘子装盘，作为饭后甜点（图6）。完成！

1

2

3

4

5

6

营养早参考

含白玉菇、蟹味菇两种菌菇的蘑菇肉丸汤，色泽漂亮，不仅让孩子胃口大开，还能提供丰富的氨基酸、蛋白质。开花糖馒头、雪梨小蛋糕中西合璧，使主食多样化，给孩子更多选择。橘子是冬季的常见水果，能提供孩子每日所需的大部分维生素C。

▶ ▶ ▶ ▶ ▶

奶油栗蓉抹茶蛋糕套餐

主食 奶油栗蓉抹茶蛋糕
汤粥 揪面片汤
水果 橙子

奶油栗蓉抹茶蛋糕

原料：抹茶戚风蛋糕（做法见本书p.235）
调料：淡奶油100克，糖粉10克，栗子馅儿2汤匙

揪面片汤

原料：面粉150克，玉米面35克，豆腐皮1张，卷心菜100克，香菇4朵，鸡蛋2个
调料：盐2克，姜丝适量，盐1茶匙，生抽1/2茶匙，香油少许

头天晚上准备

1.面粉、玉米面混匀，加入2克盐，倒入90克水，充分揉匀揉透成光滑偏硬的面团（右图），装入保鲜袋，冷藏保存。
2.卷心菜和香菇分别洗净，沥水。
3.抹茶戚风蛋糕做好，倒扣过夜。

次日早上完成

1

冰箱中取出面团，擀开成长方形，切成3厘米宽的条，覆盖松弛5~10分钟。

2

鸡蛋充分打散。炒锅放油烧热，倒入鸡蛋快速炒散。

3

炒至半熟时放入姜丝、卷心菜（撕成小片）和香菇（切片），翻炒1分钟。

4

调入生抽炒匀，倒入足量的水，烧开。

5

锅里加水烧开。将切好的宽面条略抻长。

6

用大拇指和食指揪下面片，扔进锅里。

7

全部面片都揪完后调入盐，略煮即可关火，淋入香油。

8

淡奶油加糖粉打发。抹茶戚风蛋糕脱模，切块，再一切为二。

9

中间抹上栗子馅，合二为一，装盘，挤上打发的奶油即可。揪面片汤装碗，橙子切瓣，装盘。

贴心小提示

　　1. 栗子馅做法见本书p.219。

　　2. 揪面片比擀面条省事，很适合早餐。

　　3. 面片易熟，冷水面又筋道耐煮，最后的面片入锅后略煮即熟。揪面片的速度最好快一些，不然最先下锅的面片就会煮得太久。

营养早参考

　　揪面片汤充满浓郁的西北豪放风情，好的面片薄而匀称，入口爽滑，配上卷心菜、香菇、鸡蛋，鲜香可口，定会让孩子吃得过瘾。奶油栗蓉抹茶蛋糕，栗香味浓，碳水化合物、脂肪含量高，热量高，能增强孩子的御寒能力。再来几块清新爽口的橙子，补充多种维生素。

▶▶▶▶

菠菜肉排奶酪蛋包套餐

主食 菠菜肉排奶酪蛋包
汤粥 薏米双豆浆
其他 红薯+芋头+柚子

菠菜肉排奶酪蛋包

原料：猪绞肉120克，杏鲍菇100克，洋葱、马苏里拉奶酪各60克，菠菜50克；鸡蛋2个，面粉50克，牛奶80克，盐少许，酵母1茶匙

调料：料酒1茶匙，生抽1茶匙，老抽1茶匙，蚝油1.5汤匙，盐1/4茶匙，蛋液20克

薏米双豆浆

主料：薏米1/2杯，黑豆和红豆共1/2杯

营养早参考

薏米双豆浆用薏米、黑豆、红豆三种谷豆类食材制作，使氨基酸互补，更易被人体吸收，且具有滋阴补肾、祛湿利水的功效。菠菜肉排奶酪蛋包提供了丰富的优质乳类蛋白质、脂肪、多种维生素、钙等，是本套餐中的高营养素密度食品。红薯和芋头都属于粗粮，它们的加入使早餐粗细搭配更合理。柚子清燥热，尤其适合冬天上火时食用。 ▶▶▶▶

贴心小提示

1. 面糊中加了些酵母，除了会在冷藏中慢慢发酵外，煎制时也会受热膨胀，让饼皮松软可口。

2. 饼皮不要等底部上色过深再翻面，不然容易裂。

头天晚上准备

1. 薏米洗净，浸泡一夜。黑豆和红豆洗净，在另一个碗里浸泡一夜。红薯和芋头洗净，上锅蒸熟。洋葱切碎。
2. 杏鲍菇洗净，切成小粒，装碗中，放入微波炉高火加热3分钟，取出放凉（图1），挤掉水分。
3. 杏鲍菇粒放入干净炒锅中，不放油，小火炒至边缘微黄，倒入洋葱碎（图2），炒1分钟。
4. 然后边喷油边炒（图3）。
5. 炒至洋葱透明，关火放凉（图4）。
6. 猪绞肉中加入酒、生抽、老抽、蚝油、蛋液，调匀（图5）。
7. 加入炒好的洋葱杏鲍菇（图6），加入盐拌匀，放入冰箱冷藏。
8. 面粉中倒入牛奶混匀，打入鸡蛋，搅打均匀，加入盐、酵母混匀，覆盖保鲜膜，入冰箱冷藏。
9. 马苏里拉奶酪从冷冻室取出，放入冷藏室解冻。菠菜择洗干净，沥水。柚子去厚皮，留薄膜，放入保鲜袋中。

次日早上完成

1. 取出面糊、肉馅、奶酪，稍稍回温。
2. 将薏米连同浸泡的水一起倒入豆浆机中，泡黑豆和红豆的水倒掉，将豆子洗净后也放入豆浆机中，补充水到刻度，按下"五谷豆浆"按键开始工作。
3. 蒸好的芋头、红薯切小块，回锅热一下。
4. 小锅里烧开水，放入菠菜焯烫1分钟（图1），捞出过凉水，攥干水分，切碎。
5. 电饼铛加热，刷些油，倒入1/3的面糊，待面糊不流淌后，在一半处铺上1/3量的肉馅（避开边缘），撒些奶酪碎、菠菜碎，再撒点儿奶酪碎（图2）。
6. 待底部刚刚煎成形时，将另一半翻上来（图3），盖住（图4）。
7. 合上饼铛略煎（图5），煎至表面金黄色即可。
8. 煮好的薏米双豆浆趁热加些红糖调味，装杯。柚子去皮。蛋烧切两半，吃时淋些番茄沙司（图6）。

 田园香脆汉堡套餐

主食	田园香脆汉堡
汤粥	果仁面茶
其他	薯条

田园香脆汉堡

原料：紫薯餐包3个，冷冻香脆田园肉排3~4个，生菜适量（紫薯餐包及肉排做法见本书p.53和p.234）

果仁面茶

原料：面茶（做法见本书p.220）每人约2汤匙，开水适量

薯条

原料：土豆300克
调料：色拉油2茶匙，番茄沙司适量

头天晚上准备

炒好面茶。

土豆洗净，去皮，切成约7毫米粗的长条。

土豆条清洗2遍，再浸泡于冷水中30分钟以上。

倒掉水，用棉布或厨纸充分擦干水分，装进保鲜袋，冷藏保存。生菜清洗干净，沥水。

次日早上完成

1. 薯条倒入干净无水的盆里，淋入油，充分拌匀（图1）。
2. 空气炸锅设定160℃预热3分钟，将薯条倒入食物篮里，均匀铺开（图2），炸18~20分钟（中途取出翻几次），炸至薯条呈金黄色时取出。
3. 空气炸锅温度设置为180℃，将冷冻肉排坯放在炸篮里（图3），定时12分钟，待肉排表面呈金黄色即可取出。

4. 紫薯餐包横剖开，切面朝上，送入烤箱（不必预热），设定150℃烤4分钟。
5. 将炸好的肉排和生菜一起夹入餐包中间，组成田园香脆汉堡。
6. 取适量炒好的面茶料放入碗中搅匀，一点点冲入开水（图4）。
7. 搅匀一次再倒下一次，调到自己喜欢的稠度即可（图5）。
8. 取出空气炸锅里的薯条，搭配番茄酱食用。

营养早参考

汉堡加薯条，是颇受孩子欢迎的西式快餐搭配，但很多家长不愿意带孩子在外面吃，这下可以在家里一饱口福了！用空气炸锅炸制的薯条，油脂含量少。自制田园香脆汉堡中的肉排亦使用空气炸锅制作，香气四溢，配上生菜，保证维生素的摄入充足，使得这套自制西式快餐既营养又美味，可以让孩子放心享用哦！

果仁司康
套餐

主食 果仁司康
汤粥 胡萝卜奶油浓汤
水果 苹果

果仁司康

原料：普通面粉250克，白糖70克，无铝泡打粉7克，盐2克，葡萄干（或蔓越莓干）80克，核桃70克，淡奶油350克，蛋液少许
调料：果酱适量

胡萝卜奶油浓汤

原料：胡萝卜泥200克
调料：橄榄油1汤匙，洋葱30克，面粉2汤匙，淡奶油2汤匙，盐1/2茶匙，现磨黑胡椒粉少许

营养早参考

　　将胡萝卜用橄榄油、淡奶油烹制，能让孩子充分吸收其中的胡萝卜素，胡萝卜素在人体内能转化为维生素A，有益孩子视力。果仁司康富含碳水化合物、不饱和脂肪酸、维生素D、维生素E等，为孩子的大脑提供充足的燃料，促进神经系统发育。苹果性温，其中的果糖能迅速补充血糖，保证孩子学习精力旺盛。

▶ ▶ ▶ ▶

头天晚上准备

1. 将面粉、白糖、泡打粉和盐先一起倒入盆里，充分搅拌均匀，加葡萄干拌匀。
2. 倒入淡奶油搅匀。
3. 和成一个有些粘手的面团。
4. 案板和手上都铺撒面粉，将面团取出，均匀按压成长方形，用切刀切成若干个4厘米见方的方块（或用切模切出形状）。
5. 放入垫好锡纸的烤盘中，表面刷蛋液，置入烤箱中层，以185℃烤25分钟，至上色均匀。取出，放凉后收起。
6. 胡萝卜去皮，洗净，上锅蒸至熟透，取出晾凉，放入搅拌机中，加少许水搅成细腻的胡萝卜泥，静置一夜备用（若室内温度高，要放入冰箱冷藏）。洋葱、苹果分别洗净，沥干备用。

次日早上完成

1. 洋葱切碎。锅烧至温热，倒入橄榄油，放入洋葱碎小火慢慢煸炒（图1）。
2. 待洋葱微微焦黄时倒入面粉，快速搅拌着炒匀（图2）。
3. 分次淋入淡奶油，快速炒匀（图3）。
4. 倒入胡萝卜泥拌炒匀（图4）。
5. 倒入高汤或水，搅匀（图5），小火煮15分钟左右。
6. 调入盐和黑胡椒，煮至汤变浓（图6）即可关火，倒入碗中，表面淋少许淡奶油随意装饰。
7. 司康饼入烤箱，以150℃烤5分钟左右使其温热，表面恢复脆爽口感，取出横剖开，夹入果酱，装盘。苹果切开，装盘。完成！

贴心小提示

1. 浓汤要控制好加水的量，且不要煮得太稠，不然凉后会更稠，影响口感。

2. 司康直接吃也很好吃，想要夹点什么随自己喜欢。

蔬菜蛋饼紫薯三明治套餐

主食 蔬菜蛋饼紫薯三明治
配菜 油煎西葫芦片
汤粥 双豆浆

蔬菜蛋饼紫薯三明治

原料：紫薯吐司6片，鸡蛋3
个，洋葱1/2个，中等大小胡萝
卜1根，青椒1/2个，培根1/2片
调料：盐1/2茶匙，黑胡椒少许

油煎西葫芦片

原料：西葫芦1/2个
调料：油和盐各少许

双豆浆

原料：黄豆1/2杯，黑豆
1/2杯

头天晚上准备

1. 黄豆、黑豆洗净，
   用清水浸泡一夜。
2. 胡萝卜、青椒、西
   葫芦、洋葱分别洗
   净，沥水。

营养早参考

　　冬季早餐中，汤水是必须要有的，而双豆浆便是一
款富含植物蛋白质、钙质的健康饮料。蔬菜蛋饼紫薯三
明治，其中既有鸡蛋、培根这对"绝配"，又含洋葱、
胡萝卜这两种富含维生素的蔬菜，搭配合理。油煎西葫
芦片烤制或煎制成熟，用油量不多，却浓香适口，可以
让孩子摄入更多的维生素。

▶▶▶▶

次日早上完成

1. 黄豆、黑豆再次洗净，投入豆浆机中，补充水到刻度线，选"全豆豆浆"功能开始工作。
2. 洋葱、胡萝卜、青椒、培根分别切细丝。鸡蛋打散，加入1/4茶匙盐打匀。
3. 电饼铛加热，锅底倒入少许油，放入洋葱炒至变软（图1）。
4. 放入培根炒至变色（图2）。
5. 放入胡萝卜和青椒丝（图3），炒匀。
6. 均匀撒入1/4茶匙盐、现磨黑胡椒粉（图4），轻轻拌炒匀。
7. 将菜在锅底摊匀，倒入蛋液（图5）。

8. 将饼铛的上加热面也刷上油，盖上（图6）。
9. 煎至蛋饼两面都均匀上色、熟透（图7），关掉电源。
10. 西葫芦切7毫米厚的片，两面刷油，撒少许盐，入烤箱烤熟（也可用平底锅煎，或用空气炸锅炸熟，成熟度可自行掌握）。
11. 轻轻将菜蛋饼取出，裁切成与吐司一样大小，放在两片吐司中间（图8），也可以再切成小块（图9）。
12. 豆浆倒入杯里，根据自己口味加糖。三明治装盘，西葫芦片摆于旁边。完成。

贴心小提示

　　1. 蔬菜蛋饼没有加入面粉之类的"粘合剂"，所以比较疏松，从锅底取出的时候一定要小心，把案板放在锅边，用两把铲子一起小心且快速地将其"抬"出来，才不会碎。

　　2. 如果家里没有电饼铛，可以用平底锅煎蔬菜蛋饼，煎的时候盖上锅盖，才熟得快。翻面可以借助大盘子，把盘子扣在蛋饼上表面，翻过来后再滑进锅里煎另一面。

牡蛎白菜豆腐汤套餐

主食 糖火烧

汤粥 牡蛎白菜豆腐汤

糖火烧

原料：面粉200克，酵母2克，芝麻酱100克，红糖100克，酱油少许

牡蛎白菜豆腐汤

原料：牡蛎肉150克，小白菜150克，豆腐150克，泡发木耳50克，粉丝30克

调料：鸡汤适量，姜丝适量，盐1茶匙，胡椒粉少许，香油少许

头天晚上准备

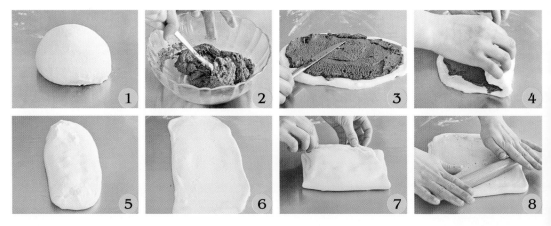

1.酵母和130克温水混合均匀，倒入面粉和匀，揉成均匀的面团（面团偏湿软，要摔打着揉面。图1），覆盖保鲜膜略松弛。

2.红糖擀开疙瘩，倒入芝麻酱中，搅匀（图2）。

3.案板上抹少许油，将面团擀开成5毫米厚、一头宽一头窄的的面片，窄的一头放上所有红糖芝麻酱，抹匀（图3），从窄头卷起（图4）。

4.两端和接口处都捏住（图5），擀开擀薄（图6），从左右向中间折一下（图7）。

5.再轻轻擀开擀薄（图8）。

6.从前端向内卷起（图9）。

7.收口压紧，盖好保鲜膜，静置松弛5分钟，轻轻拽住两端略抻一下（图10）。

8.切分成5等份（图11）。

9.取一份放在手心里，光滑面朝手心，将中心处向下压（图12），用手指将四边收拢起，整成圆坯（图13）。

10.收口捏紧，摆入铺锡纸的烤盘中，表面刷少许酱油（图14）。烤箱190℃预热好，烤盘置于烤箱中层，烤22~25分钟即可。

11.小白菜洗净，沥水。木耳泡发后洗净，沥水，撕成小朵（图15）。

次日早上完成

1.煮锅里倒入鸡汤（量不够可加水），放入姜丝、木耳和豆腐（切块），水开后转小火煮5分钟（图1）。

2.加入小白菜（切碎）和粉丝，再煮3分钟（图2）。

3.调入盐、少许胡椒粉，放入牡蛎肉（图3）煮半分钟，关火，点少许香油。

4.糖火烧入烤箱，以150℃烤5~6分钟至温热，取出装盘。汤装碗。

营养早参考

牡蛎白菜豆腐汤中的牡蛎肉含丰富的锌元素，是孩子生长发育必不可少的微量元素；糖火烧作为传统中式面点，能提供充足的碳水化合物，芝麻酱含丰富的不饱和脂肪酸、维生素D、维生素E等。整套餐优质蛋白质、碳水化合物含量丰富，是一套优质学生营养早餐。

▶ ▶ ▶ ▶

青菜酱肉包套餐

主食	青菜酱肉包
配菜	玉米蛋蒸
汤粥	花生红豆粥
水果	红枣

青菜酱肉包

原料：面粉200克，酵母3克，玉米汁130克，猪绞肉100克，小洋葱1/2个，油菜100克，韭菜20克

调料：料酒1茶匙，姜末1/2茶匙，生抽1茶匙，老抽1/2茶匙，甜面酱1汤匙，香油2茶匙，油1茶匙，盐1/2茶匙

玉米蛋蒸

原料：鸡蛋2个，玉米粒50克，玉米汁1汤匙

调料：盐1/2茶匙，香油适量

花生红豆粥

原料：花生20克，红豆20克，大米75克

头天晚上准备

玉米汁和酵母混合均匀。

倒入面粉搅匀。

揉成光滑柔软的面团，覆盖保鲜膜，静置发酵至原体积2倍大。

取出排气，再次揉圆，覆盖保鲜膜放入冰箱冷藏，醒发一夜。

洋葱洗净，切碎。猪绞肉中加入洋葱碎、姜末、料酒、生抽、老抽、甜面酱，搅匀，淋入少许水，直至搅拌顺滑，加入香油搅匀，冷藏一夜。

6.油菜和韭菜分别择洗干净。冬枣洗净，沥水。花生、红豆和大米一起淘洗干净，倒入电压力锅中，加水，预约定时煮粥。

1 取出发酵面团和肉馅，略回温。

2 油菜和韭菜分别切碎，放入肉馅中，调入油和盐，拌匀。

3 发酵面团揉匀，搓成条，分切8~9份。

4 分别擀开成圆皮，包入馅料。

5 一手托包子皮，另一手提捏出褶儿。

6 捏成圆形包子。全部做好后醒发10~15分钟，然后放入烧开水的蒸锅中，大火蒸10分钟左右。

7 鸡蛋打散，加入100毫升凉开水和玉米汁，调入盐，打匀。蒸碗内壁抹香油，倒入蛋液，均匀撒入一半量的玉米粒，开水上屉。

8 中小火蒸至七八分熟，再撒上另一半玉米粒，继续蒸熟。煮好的粥盛碗。包子、蒸蛋、冬枣分别装盘。完成！

贴心小提示

玉米汁是将鲜玉米切下玉米粒后用豆浆机煮出来的，有浓郁的玉米香气，是很受欢迎的一种饮品。玉米汁可以自制，做法见本书p.59。这里用玉米汁搭配玉米粒来蒸蛋羹，做法独特，风味特别，孩子一定会喜欢的。

营养早参考

花生红豆粥含丰富的复合碳水化合物、蛋白质、铁质、维生素E等，具有滋阴补血、美白护肤的功效，早上喝一碗粥还能增强饱腹感、健脾养胃。青菜酱肉包味道鲜香，质地松软适口。玉米蒸蛋色泽金黄，将香甜的玉米粒跟鸡蛋融为一体，实现了氨基酸互补，使营养素更易吸收。红枣有"天然维生素丸"的美誉，早餐后来上几颗，孩子一天的精神头都得到保证了。　▶▶▶▶

PART 5

妈妈的拿手特色

主食、小吃（19款）

MAMA DE NASHOU TESE
ZHUSHI XIAOCHI

自制面包糠

原料

原料：白吐司若干
工具：搅拌机

1. 吐司切片，室温下敞开晾干。
2. 放在阳光下可以加速干燥。
3. 将变干的吐司撕成块，放入搅拌机的干磨杯中。
4. 搅打成细碎的末状，即成面包糠。如果此时面包糠还有潮气，要继续敞开晾干后再收起。

自制酸奶

原料

原料：新鲜牛奶500~1000克，酸奶菌粉1小袋
工具：酸奶机

1. 新鲜牛奶倒进锅里，小火加热至微沸，关火晾至温热。
2. 酸奶机内桶提前清洗干净，用热水烫过，晾干，倒入菌粉。
3. 再倒入牛奶，搅匀。
4. 盖上盖子，装入酸奶机中，接通电源。
5. 待5~6个小时后牛奶凝住，倾斜也不会流动时即可取出食用。

贴心小提示

1. 如果使用的是巴氏消毒奶，可以省略加热消毒的第1步。

2. 酸奶机的通电时间要自己掌握，酸奶凝固后即可断电，若通电时间过长，则会出水，风味变差。

3. 酸奶做好后，应放入冰箱冷藏几个小时再吃，味道更好。如果觉得太酸，可以加入白糖或者蜂蜜，也可加入一些切块的水果，会更好吃。

4. 酸奶机和菌粉都可以在购物网站买到。

自制栗子馅

原料

原料：栗子仁250克，食用油2汤匙，白糖3汤匙

工具：电压力锅

1. 栗子仁洗净，放入电压力锅中，倒入水略没过栗子仁，按"豆类"键将其煮熟。

2. 将煮熟的栗子倒入搅拌机中，加入适量煮栗子的原汤（量不要太多，能搅打开即可），搅打成栗子泥。

3. 栗子泥倒入干净的锅里（不放油），先小火炒干，炒掉湿气。

4. 另起锅，放油烧热，加入白糖。

5. 小火炒至呈浅棕红色。

6. 关火，炒好的白糖倒入栗子泥中，快速炒匀。

7. 继续炒至抱团即可。

果仁面茶

原　料

原料：面粉200克，核桃仁25克，黑芝麻50克，花生仁20克

调料：白糖3汤匙，花生油约2汤匙

1. 核桃仁、花生仁放入烤箱，以120℃烤约20分钟，至表皮可以捻掉即熟透，取出放凉。黑芝麻放入炒锅中，干炒至熟，取出晾凉。

2. 炒锅置火上，倒入面粉，慢火拌炒（图1），至颜色微微变黄时倒出。

3. 花生、核桃仁分别去皮（实在去不掉也没关系），和熟黑芝麻、白糖一起倒入搅拌机的干磨杯中，打碎打匀（图2）。

4. 锅洗净擦干，倒入油（图3）烧至温热，倒入炒过的面粉（图4），快速炒匀。

5. 再倒入果仁料（图5），继续慢火将所有料炒匀，要炒至没有明显的疙瘩（图6），关火放凉后装入密封性好的容器中保存，吃时取适量，用沸水冲开即可。

贴心小提示

1. 面茶是一种历史悠久的美味饮品。以前条件不好时，只能用猪油炒面粉，我将原料改为植物油，并且添加了很多果仁。给孩子喝这种自制的面茶，既好喝、健脑，又安全放心。

2. 炒面粉是个耐心活儿，一定要慢火炒，炒到微黄才香。如果有打蛋器，可以代替铲子来炒面粉，更方便一些。但如果用的是不粘锅，就不可以用打蛋器，会划坏涂层。

3. 面茶用沸水冲调味道最好，但容易形成细小的疙瘩，要慢慢搅开。实在嫌麻烦的话，用温度稍低的热水冲调也可以。

黑芝麻葱油小花卷

原料

原料：面粉400克，酵母4克，牛奶250克

调料：葱1根，盐1茶匙，油2汤匙，黑芝麻1汤匙

1. 酵母和牛奶混匀，倒入面粉，揉成光滑的面团，覆盖保鲜膜，发酵至原体积2倍大。
2. 取出面团，双手用力揉匀揉透排除气泡，搓成长的粗条。
3. 擀开成宽15厘米左右的长方形，再切成7毫米宽的条。
4. 刷上油。
5. 均匀撒上盐、葱花和黑芝麻。
6. 以8根为1组，将筷子从底部插进，从中间位置挑起。
7. 左手捏住两端，先轻轻抻一抻长度。
8. 右手将筷子纵向拧1~2圈，将面条缠绕起来。
9. 再将筷子横向拧一圈，拧到底部压住左手端，抽出筷子，即成小花卷生坯。将生坯醒发20分钟，开水上锅，大火蒸10分钟左右即可。

贴心小提示

面团不要太软，发的程度不要太高，不然切面时会粘，而且不利于成型。

开花糖馒头

原料

原料：面粉400克，酵母3克，牛奶240克
馅料：白糖2汤匙，面粉2汤匙

酵母和牛奶混匀，倒入面粉中，揉成光滑偏硬的面团，发酵至原体积2倍大。

白糖和面粉混合均匀成白糖馅。发好的面团取出，放在案板上，用擀面杖擀压排气。

将面片折叠。

再擀压，反复数次，用折叠擀压法排除发酵气泡，直到擀开时看不到明显的大气泡。

最后将擀开成长方形的面皮紧紧卷起。

分切成9等份。

在每一份中间用利刀纵向切开2/5高度。

立起刀，用刀尖将内壁宽度和深度分别划开到接近边缘和底部，但不划透。

将糖馅填入切口里。全部做好后醒发20分钟，开水上锅，大火蒸14分钟即可。

绿豆馒头

原 料

原料：面粉400克，绿豆粉100克，酵母4克，牛奶325克

牛奶和酵母混合均匀，倒入绿豆粉搅匀，再倒入面粉，揉成光滑的面团，发酵至原体积2倍大。

取出发好的面团，充分揉匀排气，分成8等份。

取1个小面团，先搓成长条，再用擀面杖从中间向两头均匀擀开。

由一头卷起，收口捏紧。

从中间一切为二，盖上保鲜膜，醒发20分钟，开水上锅，大火蒸12分钟即可。

贴心小提示

这款加了杂粮的馒头，可以切片后煎一下吃，又脆又香。

油条&面鱼

原料

高筋面粉200克，酵母2克，牛奶208克，面粉100克，食用碱2克，盐4克

1.将高筋面粉、酵母、牛奶混合均匀.

2.覆盖保鲜膜，发酵至面团鼓起约3倍大。

3.将食用碱、面粉和盐充分混合均匀，倒入上述发酵好的面团中。

4.将面团混匀，揉至面筋可以延展开，收圆成光滑的面团。

5.再次覆盖发酵至原体积2～3倍大。

6.将案板上刷油，取出发酵好的面团，顺势抻长成长条形，用手拍的方式（或擀面杖稍加擀制）整理成长方形，厚度5～7毫米。

7.切成宽3～4厘米的小段。

8.两个小段一组摞起，再醒发30分钟，至生坯明显松软并鼓胀。筷子用油先抹一下，然后纵向压一下生坯。

9.锅烧热，倒入足量的油烧至七成热（插入筷子，马上会有小油泡冒上来），取一个生坯，略抻长，两头向相反方向扭一下，放入油锅中，不断翻动，炸至两面呈均匀的金黄色即可沥油出锅。

10.若是做面鱼，则需将6步中整理好的长方形面片切成8厘米左右小段，覆盖松弛10分钟。用手轻轻抻长抻薄成均匀的长方形，用拳头在上面压下不均匀的窝窝，覆盖醒发30分钟至明显松软鼓起。

11.用滚刀在每个面条生坯上竖向切2个切口。

12.锅烧热，倒入足量油烧至七成热，将生坯放入油锅中，不断翻动，炸至两面呈均匀的金黄色即可沥油出锅。

贴心小提示

做油条和面鱼的面粉要以高筋面粉为主，面筋的质量决定蓬松的效果。另外，发酵程度也至关重要，因为气泡是从发酵中来的，所以发酵一定要充分，宁可发酵温度稍低，发制时间长一些。

糖酥饼

原　料

原料A：面粉200克，水116克，油28克，白糖20克

原料B：面粉160克，油72克

原料C：白糖50克，面粉10克

1. 将原料A中的水、油和糖混合均匀，倒入面粉，揉成光滑柔软的水油面团。

2. 将原料B中的面粉倒入盆里，中间挖开洞，倒入油，先搅匀，再揉匀成油酥面团。

3. 将水油面团和油酥面团分别覆盖保鲜膜，松弛20分钟以上（图1）。

4. 将原料C中的糖和面粉混合均匀成糖馅。

5. 将水油面团均匀按扁（大小要比油酥面团略大一圈），放上油酥面团，收拢水油皮包住油酥（图2），收口捏紧，朝下放在案板上。

6. 用擀面杖轻轻均匀擀开成长方形面片（图3）。

7. 翻面，将面片三折（图4），覆盖保鲜膜松弛15分钟。

8. 再轻轻擀开擀薄，顺着长边卷起（图5）。

9. 分切成8等份，盖保鲜膜松弛10分钟（图6）。

10. 取一份松弛好的面卷，轻轻擀开擀薄（图7）。

11. 包入适量糖馅，收成包子形状（图8）。

12. 收口的小揪揪去掉不要（图9），收口朝下放在案板上，轻轻摁扁。

13. 全部做好后再静置松弛10分钟，逐个擀成薄饼（图10），放在铺好锡纸的烤盘上。

14. 烤箱预热200℃，烤盘置于烤箱中层，烤10分钟左右至表面上色、边缘起酥皮、触碰有弹性即可。

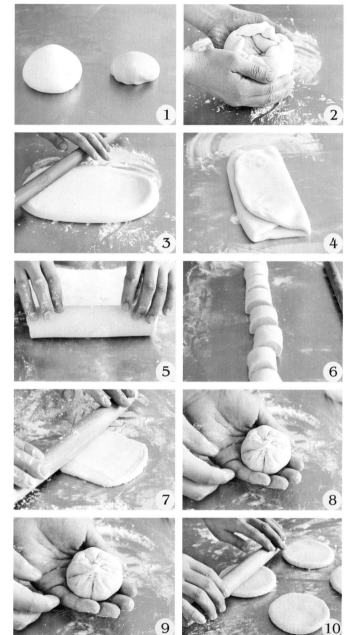

贴心小提示

1. 不同面粉对水和油的吸收量有差异，用水和油的量都需要自己酌情调整，总之，水油面团和油酥面团的柔软度是一致的，面团很柔软，但不湿不黏。

2. 擀制的操作比较多，如遇面筋紧不容易擀开的时候，一定不要硬擀，静置松弛一会儿，再擀就容易一些。

黑芝麻奶油软饼

原料

面团原料：高筋面粉175克，低筋面粉75克，酵母3克，白糖25克，盐2克，蛋液25克，水92克，淡奶油54克

内馅原料：熟黑芝麻60克，白糖50克

1. 将所有原料一起混合，和成面团，揉至面筋扩展（见本书p.233图3），取出，收圆，发酵至原体积2倍大。

2. 将内馅原料放入搅拌机湿磨杯中，打成细腻的黏稠状粉末，盛出。

3. 取出发好的面团，按压排气，分切成7个剂子，滚圆，盖保鲜膜，静置松弛10分钟。

4. 取1个剂子，摁扁，擀开成7毫米厚的圆形面片，包入黑芝麻馅。

5. 捏褶儿收口成包子形。

6. 收口朝下，轻轻按扁。

7. 全部都做完后，用擀面杖轻轻擀开成均匀厚度的饼，覆盖保鲜膜，再静置发酵40~50分钟至明显鼓起，即成饼坯。

8. 烤箱200℃预热。同时将电饼铛上下面加热，放入饼坯，烙至上色后快速放入烤盘中，送入烤箱，200℃烤5分钟，至按压侧面可以快速回弹即可。

豆沙包

原料

原料：
面粉400克，
牛奶264克，
酵母3克，
豆沙馅若干

①

牛奶和酵母先混匀，再倒入面粉中，揉成光滑柔软的面团，发酵至原体积2倍大。

②

取出发好的面团，揉匀揉透，搓成粗条，分切成7个剂子。

③

将剂子逐个揉圆。

④

取一个剂子，拍扁，擀开成7毫米左右厚的圆形面片，放上搓圆的豆沙。

⑤

提褶儿捏成圆形包子。包好后醒发20分钟，开水上屉，上汽后蒸14分钟即可。

八角灯笼包

原 料

原料：面粉400克，酵母3克，牛奶250克

馅料：豆沙、白糖、红糖、芝麻酱馅均可

酵母和牛奶混合均匀，倒入面粉中，揉成光滑的面团（要略硬些），发酵至原体积2倍大。

取出发好的面团，充分揉匀排气，分成7等份，揉圆。

取一个小面团擀圆，包入馅（如果用的是白糖或红糖馅，则需加少许面粉以防受热后爆浆），收口并捏紧。

收口朝下，整圆，略按扁，用夹子在侧面夹出耳朵状的角。

先对称夹出4个角。

再在每两个角中间夹出一个角。

总共夹8个角，即成八角灯笼包生坯。开水上锅，大火蒸10多分钟即可。

南瓜吐司

原料

面团原料：金像高筋面粉250克，耐高糖酵母3克，白糖30克，盐4克，牛奶175克，黄油28克
馅料：南瓜250克，白糖20克，黄油20克
模具：450克不粘吐司模

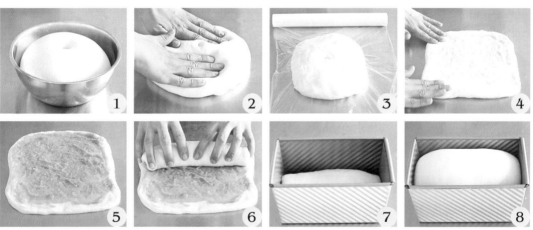

1. 南瓜洗净，削皮，蒸熟后制成泥。
2. 锅烧温热，先放入南瓜泥，中小火将其中大部分水分炒散，倒入白糖，继续炒至南瓜泥收紧，最后加入黄油，炒至南瓜泥可以抱团脱离锅底，关火放凉。
3. 将面团原料和匀，揉成面团，揉至可以轻易拉开大片薄膜，且破洞呈锯齿状（见本书p.233图3），收圆入盆，置温暖处进行发酵（图1）。
4. 取出面团，按压排气（图2）。

5. 覆盖保鲜膜，继续发酵15分钟（图3）。
6. 将面团用手均匀按薄成面片，宽度与吐司模相等（图4）。
7. 面片上均匀铺满南瓜泥（图5）。
8. 从一端紧紧卷起（图6）。
9. 收口捏紧，放入吐司模中（图7）。
10. 最后发酵至几乎满模（图8），放入烤盘中，表面刷蛋液。烤盘放入预热180℃的烤箱下层，烤40分钟左右即可。

黑米吐司

原料

原料：
金像高筋面粉270克，
黑米面30克，
耐高糖酵母5克，
牛奶160克，
蛋液50克，
白糖35克，
盐4克，
黄油28克

1

2

3

4

5

1. 将牛奶、蛋液、白糖、盐先混合均匀，加入黑米粉搅匀，再倒入高筋面粉和酵母，送入面包机中，先和面20分钟，再选"和风面包"程序。

2. 中途自动排气后取出面团，手揉排气后分割成3等份，滚圆（图1），松弛10分钟。

3. 逐个搓成等长的长条（图2），由中间分别向两端编三股辫（图3）。

4. 编好后对折摞起（图6），放入面包桶中，按压平整（图5）。

5. 送入面包机继续运行到程序结束即可。

薏米红豆餐包

原料

原料：金像高筋面粉300克，耐高糖酵母4克，红糖50克，盐3克，薏米、红豆各适量，橄榄油24克，蛋液、白芝麻各适量

1. 薏米、红豆煮成薏米红豆水，取豆子和米打成糊。
2. 除橄榄油之外所有原料（包括薏米红豆糊）全部混合，揉成面团，揉至面筋能够扩展开后加入橄榄油。
3. 继续揉至可以轻易拉开大片的薄膜，且破洞呈锯齿状。
4. 将面团收圆入盆，覆盖，置温暖处进行发酵。
5. 取出面团排气，等分成10个剂子，滚圆，继续发酵15分钟。
6. 小面团再次按压排气。
7. 然后再滚圆。逐个处理好成面包生坯。
8. 摆放入铺垫好的烤盘里，将烤盘置于温暖湿润处完成最后发酵。
9. 面包坯刷蛋液，粘白芝麻。烤箱180℃预热好，烤盘置于烤箱中层，烤15分钟即可。

233

香脆田园肉排

原料

原料：猪五花绞肉160克，鸡胸肉150克，胡萝卜100克，洋葱50克，冷冻甜玉米粒50克，冷冻豌豆30克

调料：鸡蛋1只，料酒1茶匙，酱油2茶匙，蚝油2茶匙，黑胡椒粉1/4茶匙，盐1/2茶匙，香油1茶匙，生粉1汤匙，面包糠适量

1. 鸡胸肉剁碎，和猪绞肉放在一起。胡萝卜去皮，擦成细丝，再剁碎。豌豆入沸水锅焯烫2分钟。
2. 洋葱切碎，入油锅小火煸炒，加入1/4茶匙盐，炒至微黄后关火放凉。
3. 猪绞肉中加入料酒、酱油、蚝油、黑胡椒粉、蛋液，顺一个方向搅匀。
4. 加入胡萝卜碎、洋葱、玉米粒和豌豆，搅匀

后加1/4茶匙盐、香油，拌匀，最后加入生粉，搅匀。
5. 取适量肉馅放入手心，在双手间用力摔打十几次。
6. 最后裹匀面包糠即成肉排生坯。可一次多做一些，放入冷冻用保鲜盒，入冰箱冷冻保存，随吃随取。

抹茶戚风蛋糕

原料

原料：低筋面粉65克，抹茶粉10克，
蛋清4个，蛋黄3个，细白砂糖68克，
玉米油38克，水（或鲜牛奶）65克
模具：17厘米日式戚风模

1. 低筋面粉和抹茶粉混合过筛2次。蛋清放进无油无水的盆里，蛋黄、玉米油和牛奶放在另一个盆里。
2. 蛋清高速打至起粗泡，一次性倒入所有白糖，打至纹路清晰，明显能感觉出阻力，蛋白霜细腻光泽有立体感，停下来抬起打蛋头，末端带起的是2~3厘米长的直立不弯的小尖角，表明打发程度正好。
3. 把蛋白霜暂时放在一边，取过蛋黄盆，继续用电动打蛋器打匀。
4. 筛入抹茶粉，刚开始先用打蛋头手动搅合一下防止抹茶粉飞扬，再开启打蛋器，低速搅匀。
5. 取1/3的蛋白霜加入蛋黄糊中。
6. 翻拌均匀。
7. 再倒入剩下的蛋白霜。
8. 彻底翻拌均匀。
9. 将蛋糕糊倒入模具中，按住中间的"烟囱"整体摔两下，震出气泡并使表面平整。送入170℃预热好的烤箱下层，烤约30分钟至表面上色均匀，按压表面有弹性即可。取出，立刻倒扣，彻底放凉后再脱模（最好倒扣一夜后脱模）。

 原料

巧克力
奶油蛋糕

海绵蛋糕体：鸡蛋4个，白砂糖120克，低筋面粉130克，牛奶26克，色拉油26克

巧克力奶油霜：淡奶油380克，白砂糖38克，黑巧克力60克

工具：8吋活底圆模

1. 制作蛋糕糊：将低筋面粉过两次筛。鸡蛋磕入盆中，隔60℃热水用电动打蛋器高速打发，加入全部白糖，继续高速打发至蛋液温度为40℃，撤走热水盆继续打至蛋糕颜色发白，体积膨大为3~5倍，抬起打蛋头时可保留2~3厘米的蛋糊10秒钟不滴落，然后分3次加入过筛的低筋面粉，每次都要拌匀后再加入下一次，拌匀成面糊。牛奶和色拉油倒入盆中，充分搅拌至乳化均匀，淋入蛋糊中翻拌均匀成细腻的蛋糕糊。

2. 蛋糕糊倒入8吋活底圆模中（图1），放入烤盘中，再放入烤箱中下层，设定180℃烤35分钟，至表面均匀上色、轻拍表面有弹性即可。

3. 出炉后倒扣放凉（图2）。

4. 用脱模刀紧贴着边壁划一圈（图3），将蛋糕体侧面与模壁脱离。

5. 再倒扣过来，紧贴模底划开（图4），将蛋糕彻底脱模。

6. 用锯齿刀将凸出的顶盖儿切下不用（图5）。

7. 剩下的横切成均匀的3片（图6）。

8. 融化黑巧克力：蒸锅烧开水，转最小火，将黑巧克力掰成小块放入碗里，碗放在蒸篦上，用筷子搅拌着使其融化（图7）。

9. 淡奶油和白砂糖打发至变硬（图8）.

10. 取一小部分与融化的巧克力先拌合（图9），再倒入剩下的奶油霜中低速打匀成巧克力奶油霜（图10）。

11. 取过一片蛋糕，上面抹上1/3量的巧克力奶油霜（图11）。

12. 盖上另一片蛋糕，再抹1/3量的奶油霜，盖上最后一片蛋糕，抹上剩下的奶油霜（图12）。

13. 将奶油霜表面抹平，点缀上草莓即可。

贴心小提示

熔化巧克力时温度要低，需要隔热熔化，若温度太高巧克力会变性结块成渣子般的状态。隔热的方法，可以将碗放在60℃左右的热水里，也可以在蒸锅里隔着热蒸汽熔化，并且要顺着一个方向不断搅拌，使其受热均匀，这样巧克力才质地细腻、光泽度好。

胡萝卜戚风蛋糕

原料：鸡蛋3个，白砂糖55克，胡萝卜100克，玉米油30克，低筋面粉60克

模具：6吋脱底圆模

1. 低筋面粉过筛。新鲜胡萝卜榨汁，榨出的渣不要扔掉（图1）。

2. 鸡蛋分开蛋清和蛋黄，蛋清放入无油无水的盆里。蛋黄盆里加入50克胡萝卜汁、40克胡萝卜渣和玉米油。

3. 将蛋清加白砂糖打发成蛋白霜，打发状态见本书p.235"抹茶戚风蛋糕"里的描述（图2）。烤箱150℃预热。

4. 用电动打蛋器搅打蛋黄混合物（图3），打匀后筛入低筋面粉（图4），再搅打成均匀的蛋黄糊。

5. 取1/3的蛋白霜与蛋黄糊翻拌均匀（图5），再全部倒入剩下的蛋白霜中（图6），继续翻拌均匀。

6. 倒入模具中（图7），震几下，使其表面平整并震出气泡（图8）。

7. 模具放入烤盘中，烤盘送入烤箱中下层，以150℃烤38分钟，取出倒扣，放凉过夜。

图书在版编目（ＣＩＰ）数据

巧厨娘–孩子的营养早餐/孙春娜编著.–青岛:青岛出版社,2013.5
（巧厨娘系列）
ISBN 978–7–5436–9400–2

Ⅰ.①孩… Ⅱ.①孙… Ⅲ.①儿童 – 保健 – 食谱 Ⅳ.①TS972.162

中国版本图书馆CIP数据核字(2013)第093601号

书　　　名	巧厨娘–孩子的营养早餐	
编　　　著	孙春娜（CANDEY）	
参 编 人 员	王　洋　陈美华　孙显武　王万霖　王　海　王　蕾	
	孟令坤　牟　磊　韩　菲　王佳慧	
出 版 发 行	青岛出版社	
社　　　址	青岛市海尔路182号（266061）	
本 社 网 址	http://www.qdpub.com	
邮 购 电 话	0532-68068091	
策 划 组 稿	张化新　周鸿媛	
责 任 编 辑	杨子涵	
设 计 制 作	宋修仪	
制　　　版	青岛艺鑫制版印刷有限公司	
印　　　刷	青岛帝骄文化传播有限公司	
出 版 日 期	2017年11月第2版　2021年9月第23次印刷	
开　　　本	16开（710毫米×1010毫米）	
印　　　张	15	
字　　　数	180千	
图　　　数	1300	
书　　　号	ISBN 978-7-5436-9400-2	
定　　　价	29.80元	

编校印装质量、盗版监督服务电话　400-653-2017
建议陈列类别：美食类　生活类